大型卧式轴流泵检修与安装

王冬生　孙勇　编著

中国水利水电出版社
www.waterpub.com.cn

·北京·

内 容 提 要

本书主要介绍大型卧式轴流泵检修与安装，主要内容包括概述，机组检修，机组故障分析及检修、维护，同心测量与调整，机组安装，试运行等；并对生产中的典型工程实例进行剖析，力求用图文结合的形式和通俗易懂的语言，使读者掌握大型卧式轴流泵的检修与安装技能。

本书语言简洁、内容丰富，可供泵站生产管理与技术的从业人员参考阅读。

图书在版编目（CIP）数据

大型卧式轴流泵检修与安装 / 王冬生，孙勇编著
. -- 北京：中国水利水电出版社，2019.10
ISBN 978-7-5170-8077-0

Ⅰ. ①大… Ⅱ. ①王… ②孙… Ⅲ. ①轴流泵－检修
②轴流泵－安装 Ⅳ. ①TH312

中国版本图书馆CIP数据核字(2019)第217272号

书　　名	**大型卧式轴流泵检修与安装** DAXING WOSHI ZHOULIUBENG JIANXIU YU ANZHUANG
作　　者	王冬生　孙勇　编著
出版发行	中国水利水电出版社 （北京市海淀区玉渊潭南路 1 号 D 座　100038） 网址：www. waterpub. com. cn E - mail：sales@waterpub. com. cn 电话：(010) 68367658（营销中心）
经　　售	北京科水图书销售中心（零售） 电话：(010) 88383994、63202643、68545874 全国各地新华书店和相关出版物销售网点
排　　版	中国水利水电出版社微机排版中心
印　　刷	北京瑞斯通印务发展有限公司
规　　格	184mm×260mm　16 开本　9 印张　219 千字
版　　次	2019 年 10 月第 1 版　2019 年 10 月第 1 次印刷
印　　数	0001—1000 册
定　　价	**65.00 元**

编　委　会

前　言

　　轴流泵是一种利用叶轮在水中旋转时产生的推力将水沿轴向提升的高比转速水泵，其水流进入叶轮和流出导叶都是沿轴向的。卧式轴流泵安装检修方便，水泵、电机水平布置，泵房荷载分布较均匀，泵房开挖较少，适用于地基应力较弱的泵站。我国卧式轴流泵的发展走了一条由仿制到自主开发的道路，20世纪60年代以前初期生产的大型轴流泵主要参照苏联的水力模型，目前我国在大型卧式轴流泵的研制和应用方面已取得一定的进展。

　　了解并掌握卧式轴流泵的基本理论、基本结构、检修工艺流程、运行与维护技术及故障处理，是泵站生产管理人员必备的技能，对泵站的安全稳定运行具有重大的意义。

　　编写组成员长期从事大型卧式轴流泵机组的检修与安装的研究工作，本书是通过实地调研并结合多位有多年泵机组运行与检修经验的专家的意见编写的，主要介绍了大型卧式轴流泵的泵机组结构，机组检修，机组故障分析及检修、维护，同心测量与调整，机组安装和试运行等，并对生产中的典型工程实例进行剖析，力求用图文结合的形式和通俗易懂的语言，使读者掌握大型卧式轴流泵的检修与安装技能。

　　本书在编写过程中，参考了大量的书籍、科技文献和技术标准等资料，在此对原作者表示诚挚的感谢！感谢江苏省水利信息中心教授级高级工程师钱钧、南水北调东线江苏水源有限责任公司教授级高级工程师刘军、江苏省苏北灌溉总渠管理处教授级高级工程师戴启璠、扬州大学教授周济人对本书的大力支持和帮助。

　　由于编者经验和理论水平有限，书中不妥之处在所难免，敬请各位专家和同行批评指正！

编委会

2019.10

目　　录

第1章 概 述

1.1 卧式轴流泵发展概况

泵站按照水泵形式分为轴流泵、混流泵、斜流泵、贯流泵和离心泵。轴流泵是利用叶轮在水中旋转时产生的推力将水沿轴向提升，由于水流进入叶轮和流出导叶都是沿轴向的，故称为轴流泵。轴流泵是一种高比转速的水泵，其比转速一般为 $n_s = 500 \sim 1000$。依据水泵轴的安装方向划分，轴流泵有立式、斜式、卧式三种型式。

其中卧式轴流泵分为轴伸式、贯流式，轴伸式又分为平面"S"形轴伸式和竖井轴伸式，设计扬程在 0~4m 范围内，泵壳均为水平中开结构，水泵安装检修方便，水泵、电机水平布置，泵房荷载分布较均匀，泵房开挖较少，适用于地基应力较弱的泵站。

在卧式轴流泵的发展方面，荷兰最具特色，它发展了两种适合于平原地形的结构型式。一种为"猫背式"，即抽水装置在水面以上，而进出口管道（流道）向下弯曲，形成猫背形状；另一种是排灌两用、双向流水、全调节式、大型卧式轴流泵。苏联为第聂伯顿巴斯渠道抽水站设计的大型卧式轴流泵，具有与荷兰不同的特点，设计扬程和设计流量都相对较高。我国卧式轴流泵的发展走了一条由仿制到自主开发的道路，20世纪60年代以前生产的大型轴流泵主要参照苏联的水力模型，后来，我国在大型卧式轴流泵的研制和应用方面取得了一定的进展。已建成的斗门西安泵站大型卧式轴流泵叶轮直径为 3.0m，设计流量 37.5m³/s，设计扬程 3m，转速 115r/min，配套电机功率 1600kW，流道形状呈立面"S"形。1982年建成的江苏省秦淮新河泵站是我国最早的平面"S"形轴伸泵站，在2003年进行了机组改造，改为双向叶轮泵装置。在竖井式轴伸泵系统发展中，2004年建设的江苏无锡江尖泵站，叶轮直径 2.5m，单泵流量为 20m³/s。2013年投入运行的江苏邳州泵站是竖井贯流泵站，安装 4 台轴流泵，叶轮直径 3.3m，单泵流量为 33.4m³/s。

下面以江苏省秦淮新河泵站为例，介绍大型卧式轴流泵站的枢纽布置与设备的主要技术特性。秦淮新河泵站位于南京市秦淮新河入江口处，采用闸、站组合的布置形式。节制闸位于秦淮新河水利枢纽右岸，设计泄洪流量为 800m³/s，校核流量为 1100m³/s，是大型水闸，Ⅱ级水工建筑物，按地震烈度 7 度设防，闸身为钢筋混凝土结构，三孔一联平底板，共 12 孔，每孔净宽 6m，闸身总宽 87.3m。底板采用直径 1.0m、深 3.0m 的砂桩基础，底板前后设有防渗板桩，桩底高程 −5.70m（吴淞基面，下同），底板高程 0m，闸墩顶高程 12.00m，闸孔设有预制钢筋混凝土胸墙，墙顶高程 12.00m，墙底高程 9.50m。闸门为上下扉门，联动启闭。秦淮新河泵站位于秦淮新河水利枢纽左岸，是流域的主要供水、排涝泵站，该站具有灌溉、防洪、排涝、冲污等功能，尤其对流域内城市、机场、铁路、江宁开发区及 50 万亩圩区的防洪具有非常重要的意义。秦淮新河泵站与武定门泵站灌溉受益流域面积 118 万亩。

秦淮新河泵站工程安装 1700ZWSQ10 - 2.5 型双向卧式轴流泵，配用 Y500 - 6 型 630kW 卧式异步电机 5 台套，总装机容量 3150kW，泵与电机采用德国 HISH11 型齿轮减速传动，传动比 $i = 3.889$，中心距 320mm，齿轮箱输出功率 540kW。在国内大型水泵中首次采用 "S" 形流道（图 1.1）。水泵推力径向组合轴承安装在独立的推力轴承箱内，由两只推力轴承和一只径向轴承组成，承受水泵运行时的正反水推力、转动部分重力及径向力。叶片调节机构采用了蜗轮、蜗杆停机手动调节。

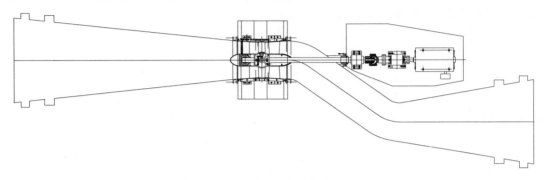

图 1.1　秦淮新河泵站 "S" 形流道图

泵站辅助设备包括起重设备、油系统、水系统。起重设备包括主厂房 1 台 5t 单梁行车、1 台 5t 电动葫芦用于起吊厂房内设备，上、下游各 2 台 10t 电动葫芦用于起吊工作门及油缸。油系统由上、下游油压启闭机，液压动力站，补油箱组成，承担上、下游快速闸门启闭任务。供水系统主要提供机组的冷却、润滑用水及消防用水，采用 150QSG32 - 42/7 潜水深井泵两台，互为备用，安装于空箱内。排水系统主要是排除站房内的各种工作回水、渗漏水及检修时排除流道内积水。排水泵进水口设在主厂房内的集水井内。

泵站主要技术参数如表 1.1 所示。复合水位组合和水泵运行特征水位组合如表 1.2 和表 1.3 所示。

表 1.1　　　　　　　　　　主 要 技 术 参 数

项　　目	参　　数
泵站规模	大型
泵站等级	Ⅱ
建筑物防洪标准	设计标准 100 年一遇，校核标准 300 年一遇
主泵房总长/m	34
主泵房总宽/m	12.6
水泵设计流量/($m^3 \cdot s^{-1}$)	10
水泵叶轮直径/m	1.7
设计扬程/m	正向（抽引）2.5、反向（抽排）2.0
水泵转速/($r \cdot min^{-1}$)	250
电机电压/kV	10

续表

项　　目	参　　数
电机转速/(r·min⁻¹)	992
单台电机功率/kW	630
站房底板高程/m	−0.45
叶轮中心高程/m	1.0

表 1.2　　　　　　　秦淮新河泵站稳定复合水位组合表　　　　　　　单位：m

工　况			长 江 侧 水 位	内 河 侧 水 位
稳定	正向	设计	11.47（100 年一遇高潮位）	8.00（汛期控制水位）
		校核	11.86（300 年一遇高潮位）	8.50（汛期控制水位）
	反向	设计	3.65（汛期最低潮位）	7.00（灌溉蓄水位）
		校核	1.65（100 年一遇低潮位）	6.50（非汛期正常水位）

表 1.3　　　　　　秦淮新河泵站水泵运行特征水位组合表　　　　　　单位：m

工　况		秦淮河侧	长江侧	扬程
抽引	最大扬程	6.50	2.50	4.00
	设计扬程	6.50	4.00	2.50
抽排	最大扬程	8.50	11.50	3.00
	设计扬程	8.50	10.50	2.00

水泵装置性能曲线如图 1.2 所示，图中 NPSHre 为空蚀余量。

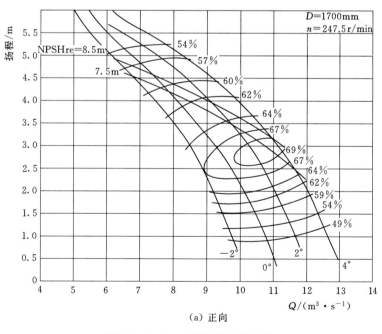

(a) 正向

图 1.2 （一）　水泵装置性能曲线

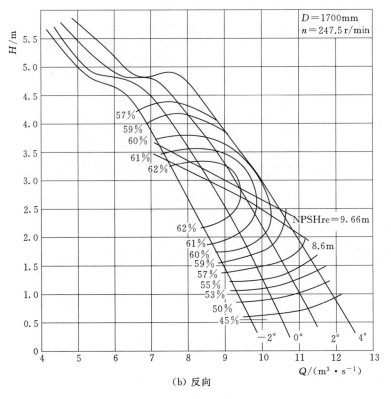

（b）反向

图 1.2（二） 水泵装置性能曲线

1.2 泵机组结构

泵机组属于卧式轴流泵，主要由叶轮部件、泵轴部件、水导轴承部件、泵体部件、密封部件、推力轴承部件、调节机构部件、齿轮箱和电机组成。泵机组结构如图 1.3 所示，图上各部件名称与重量如表 1.4 所示。

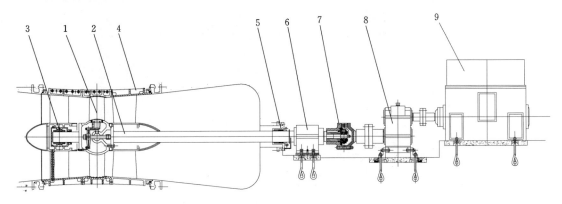

图 1.3 泵机组结构图

1—叶轮部件；2—泵轴部件；3—水导轴承部件；4—泵体部件；5—密封部件；

6—推力轴承部件；7—调节机构部件；8—齿轮箱；9—电机

表 1.4 泵各部件名称与重量

图序	名　　　称	重量/kg
1	叶轮部件	1420
2	泵轴部件	1700
3	水导轴承部件	190
4	泵体部件	9360
5	密封部件	170
6	推力轴承部件	900
7	调节机构部件	580
8	齿轮箱	1550
9	电机	4790

1.2.1　叶轮部件

叶轮部件是进行能量转换的工作部件，主要包括转子体、叶片和短轴（图 1.4）。

转子体内部安装有调节叶片角度的机构，调节机构属于机械式叶片全调节机构，与液压式调节机构不同，在转子体内的机构有螺栓、拐臂、下拉杆等零部件。转子体外围安装固定有 4 个叶片，叶片均匀分布，转子体右端通过均匀分布的 12 个 20mm 螺栓与短轴连接，左端通过螺栓与泵轴相连。

水泵采用不锈钢（OCr13Ni4CuMo）"S"形双向叶片，与普通铸钢叶片相比，具有抗空

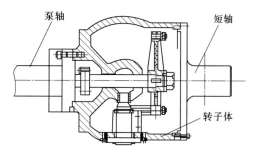

图 1.4　叶轮部件

蚀性能好等特点，停机后水泵叶片的角度依据工况用调节机构进行调节（叶片角度是指轴流泵叶片外缘断面的弦与叶片圆周速度方向之间的夹角）。

短轴一端与转子体相连接，另一端穿插于水导轴承内部，短轴表面为堆焊的 3Cr13 硬质合金，由于短轴在水导轴承中转动，对其表面的光洁度要求较高，可减少摩擦，短轴表面的粗糙度要求小于 0.8，相当于表面为镜面。

1.2.2　泵轴部件

泵轴部件主要由外部的泵轴和穿插于其中的拉杆组成（图 1.5）。

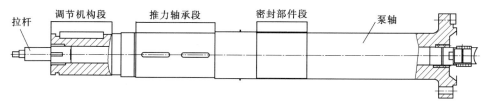

图 1.5　泵轴部件

泵轴与齿轮箱轴和电动机转子轴一起组成机组的轴，用以传递扭矩，将电机端输出的扭矩力传递给水泵的叶片，实现叶片绕轴转动。半调节式机械操作的水泵，机组泵轴是空心的，泵轴内装有调节叶片角度用的拉杆。泵轴上安装固定有调节机构、推力轴承、密封结构等部件，在密封部件段泵轴表面为堆焊的 3Cr13 硬质合金，表面粗糙度的要求较高。

拉杆（也称为小轴）位于泵轴内部，其相对外部的泵轴做旋转运动，作用是将调节机构蜗轮的扭矩传递到叶轮端，实现叶片角度的改变。

1.2.3　水导轴承部件

水导轴承部件主要由轴承体、轴承盖、轴承座、轴承压盖和轴承端盖等组成（图1.6）。

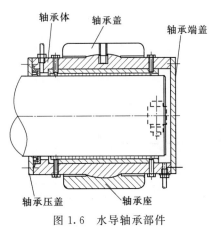

图 1.6　水导轴承部件

水导轴承是水泵的关键部件，起着承受水泵转动部件径向力、稳定叶轮转动的作用。水导轴承为弹性金属塑料瓦轴承（聚四氟乙烯塑料瓦），其与轴颈的摩擦系数低，盘车省事、省力，而且不需研刮，减轻了劳动强度，缩短了检修工期，而且采用该结构型式可以直接利用水介质进行润滑与冷却，辅助系统设备少。由于轴承常年浸没在具有一定压力的水下，对采用清水润滑的水导轴承，不但要求具有较好的承载耐磨能力，而且为保证其润滑，还需要设置水密封及排漏水装置，以阻止流道内含有泥沙等杂质的水体进入轴承。

1.2.4　泵体部件

泵体部件主要由前锥管、叶轮外壳、导叶体、前导水锥、前导水圈、后导水锥和后导水圈等组成（图1.7）。

前锥管、叶轮外壳、导叶体均属于泵的外壳，为分瓣式结构，以便装拆和检修，外壁有若干条加强筋，防止泵体变形，它们相互连接，组合成泵的流道。前锥管位于上游侧，其内部安装有固定导叶，该处导叶在正向抽水时起到引流作用，在反向抽水时可以消除经转轮后水流的旋转运动，使水流的旋转动能转化为压力能。整个前锥管可以分为上、下两个部分，两个部分由螺栓配合螺母连接。叶轮外壳是转轮的工作室，内壁为球面，与转轮叶片有一定的间隙，能保证转轮旋转和叶片角度调节时不会与其相碰撞，叶轮外壳的上、下部分由螺栓配合螺母连接。导叶体内安装有导叶，在机组大修时，导叶体通常不进行拆卸。叶轮外壳、前锥管以及导叶体由 48 个直径为 27mm、长度为 110mm 的螺栓配合螺母连接。压环位于前锥管的端部，作用是密封。

1.2.5　密封部件

密封部件主要由密封底座、填料盒、填料压盖、积水圈和盘根等组成（图1.8）。密封部件位于过轴孔处，保证泵轴在正常运转的同时，防止大量水进入电机井。

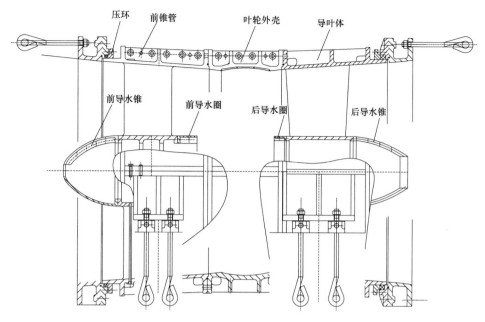

图 1.7　泵体部件

　　填料盒由 6 个 16mm 的双头螺栓与密封底座相连接，主要作用是安放盘根。填料压盖由 4 个 16mm 的双头螺栓安装固定在填料盒上，分为上、下两瓣，安装前需要将两部分进行组装，主要作用是压紧盘根，保证密封性。盘根也称为密封填料，由聚四氟乙烯纤维编织而成，截面是正方形，其主要作用是密封。积水圈为圆弧形结构，由于密封部件不可能实现绝对密封，由积水圈将漏水集中起来一起排出。

1.2.6　推力轴承部件

　　推力轴承部件主要由两端轴承盖，上、下轴承体，调心滚子轴承和推力调心滚子轴承组成（图 1.9）。

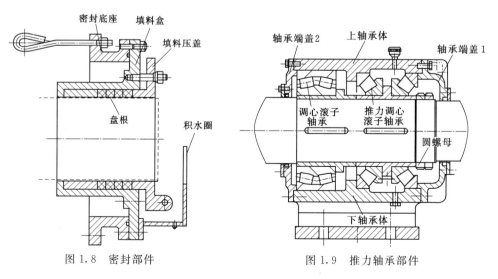

图 1.8　密封部件　　　　　　　图 1.9　推力轴承部件

调心滚子轴承具有双列滚子，外圈有 1 条共用球面滚道，内圈有 2 条滚道。并相对轴承轴线倾斜成一个角度，这种巧妙的构造使它具有自动调心性能。推力调心滚子轴承属于向心推力轴承，但径向载荷不得超过轴向载荷的 55％，为保证能正常工作，一般需施加一定的轴向预载荷。圆螺母的直径为 230mm，调心滚子轴承和推力调心滚子轴承在与泵轴组装后，两个圆螺母配合使用起到固定和限位作用。两端轴承盖，上、下轴承体组合起来成为推力轴承的外壳。

1.2.7 调节机构部件

叶片调节机构主要由两端联轴器、蜗轮箱、蜗轮、轴承垫、轴承盒、蜗杆和指针等结构组成（图 1.10）。

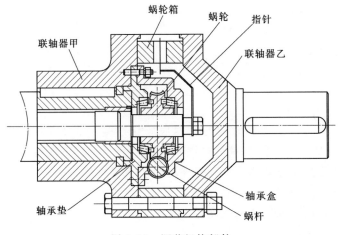

图 1.10 调节机构部件

联轴器甲与泵轴连接，采用过盈配合。这种配合结构简单，同轴性好，能承受较大的轴向力、扭矩及动载荷。联轴器乙与齿轮箱的法兰连接，联轴器甲和联轴器乙中间安装蜗轮箱，蜗轮箱上有通过蜗杆的两个孔。

蜗轮安装在一对圆锥滚子轴承上，采用油脂润滑方式，保证叶片调节灵活可靠。蜗轮通过内部的螺纹固定在泵的拉杆上，与蜗杆配合用来传递两交错轴之间的动力，能够获得较大的减速比。当蜗杆转动时，由于蜗杆两端的轴套固定，蜗杆只能在原位做旋转运动，因此蜗轮在蜗杆的带动下做旋转运动，从而带动拉杆传递力矩。这种蜗轮蜗杆配合机构具有自锁性，可实现反向自锁，即只能由蜗杆带动蜗轮，而不能由蜗轮带动蜗杆。

轴承盒与轴承垫通过 6 个 16mm 的双头螺栓组合安装在联轴器上，中间固定着蜗轮和蜗杆。指针是调节机构中指示叶片旋转角度的部件。

1.2.8 齿轮箱

齿轮箱是泵机组中的一个重要机械部件。齿轮箱传动比为 3.889，电机所产生的高速力矩必须通过齿轮箱齿轮副来实现减速、增加力矩（图 1.11）。

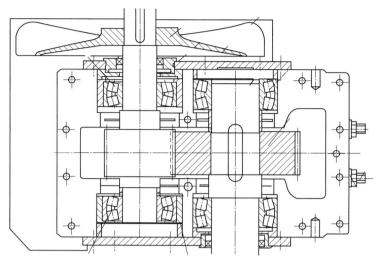

图 1.11 齿轮箱

1.2.9 电机

电机是整个泵的动力源，通过电磁感应原理将电能转化成机械能。秦淮新河泵站采用 Y500 - 6 型 630kW 卧式异步电机，使用三相交流电源。

1.3 卧式轴流泵机组大修流程

卧式轴流泵机组大修流程如图 1.12 所示。

1.3.1 机组检修

（1）关闭进、出水流道检修闸门，排空流道内积水，打开水泵叶轮室进人孔盖。

（2）关闭或封闭相应的连接管道或闸阀，拆卸油、水连接管路。

（3）拆卸电动机定子、转子连线，拆卸电动机与齿轮箱联轴器螺栓，测量电动机与齿轮箱联轴器间隙和同轴度并记录，拆卸电动机地脚螺栓，吊出电动机。

（4）拆卸齿轮箱与水泵轴联轴器螺栓，测量齿轮箱与水泵联轴器间隙和同轴度并记录，拆卸齿轮箱地脚螺栓，吊出齿轮箱。

（5）拆卸过轴孔密封部件。

（6）以其中一只叶片为基准，按四个方位盘车测量叶片与叶轮室径向间隙。在叶片进、出水边测量，列表记录，并拆分叶轮室，吊出上半部分。

（7）水泵水导轴承拆卸。

1）拆卸导叶体上半部分，拆卸水泵水导轴承端盖、密封装置。

2）用塞尺测量水泵水导轴承上部间隙并记录。

（8）水泵叶轮拆卸。

1）将叶轮与水泵主轴用行车锁定或千斤顶支撑牢固，拆卸叶轮与水泵轴连接螺栓、

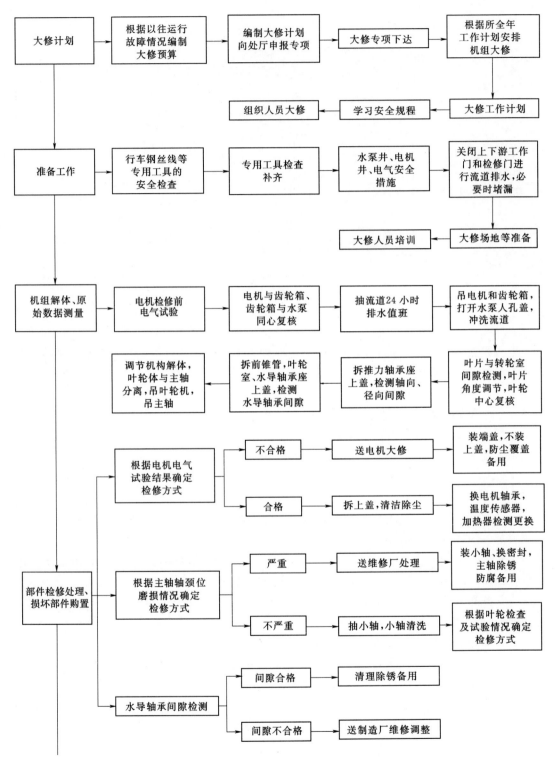

图 1.12（一） 机组大修流程图

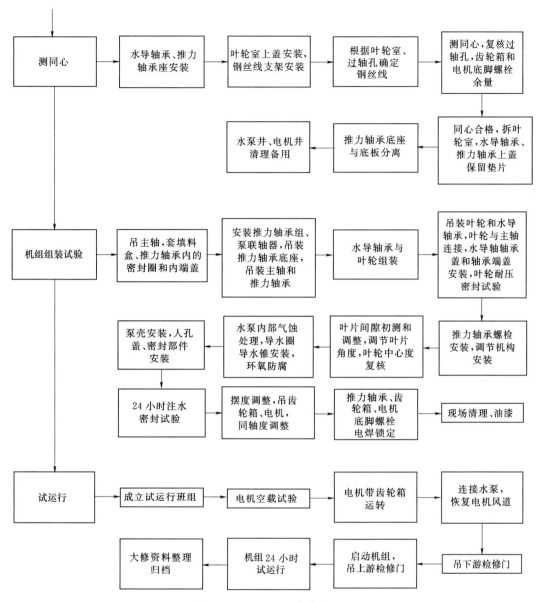

图 1.12（二） 机组大修流程图

定位销。

2）拆卸调节机构拉杆连接螺栓，吊出叶轮及短轴。

（9）拆卸调节机构和蜗轮箱。拆卸调节机构内的轴承盒时，应检查调节机构的蜗轮、蜗杆及轴承磨损情况并记录。拆卸轴承、蜗轮蜗杆和轴承垫，拆卸卡环和水泵联轴器。

（10）拆卸推力轴承座两边压盖和轴承盖，吊出推力轴承上盖。

（11）用专用工具、手拉葫芦和行车配合，平移吊出主轴。

（12）检查测量叶片、叶轮体、叶轮室的空蚀破坏方位、面积、深度等情况并拍照、记录。

（13）检查推力轴承和水泵水导轴承磨损情况并拍照，用文字记录下来，检测轴套磨损情况和填料密封部位轴颈磨损情况并记录。

1.3.2 同心测量与调整

（1）原始同心测量，测量水导轴承、叶轮室、推力轴承的原始同心数据。

（2）安装同心的测量与调整。

1）调整水泵水平度。

2）测量和调整固定部件的同轴度：根据同心测量记录分析，调整推力轴承箱、叶轮室和水导轴承的地脚螺栓，使它们的中心在规定的范围内（水导轴承偏差小于0.04mm，推力轴承偏差小于0.1mm），这时钢琴线的位置就是机组的安装同心。

1.3.3 机组安装

（1）推力轴承安装：按键槽方向将轴承压盖、油封、轴承端盖套入泵轴，将轴承和轴承衬套组合套入泵轴。

（2）安装拉杆。

（3）叶片调节机构安装。

1）用热套法将泵联轴器按键槽方向套入泵轴。

2）装上卡环后将泵联轴器反方向敲紧，安装轴承垫。

3）安装蜗轮、轴承盒。

4）安装蜗轮箱、蜗杆、蜗杆套，来回转动蜗杆检查调节机构是否灵活。

（4）吊入主轴，将其一端放在导叶体内，下面用垫木垫实，另一端放在推力轴承箱下半部分上。

（5）已调整好间隙的水导轴承体下半部放在轴承座上。

（6）将叶轮与水导轴承组合吊装，将叶轮与水泵主轴用行车锁定或千斤顶支撑牢固，连接叶片调节机构拉杆连接螺栓，连接叶轮与水泵轴连接螺栓、定位销。

（7）安装水泵水导轴承盖和轴承体上半部，用塞尺测量水泵水导轴承上部间隙并记录。

（8）安装水泵泵壳和密封部件，测量调整叶片与叶轮室的间隙。

（9）吊入变速箱，用千斤顶调整联轴器间隙和同轴度使其符合要求，连接变速箱的地脚螺栓和联轴螺栓。

（10）吊入电动机，用千斤顶调整联轴器间隙和同轴度使其符合要求，连接电动机的地脚螺栓和联轴螺栓。

1.4 机组大修安全制度

1.4.1 机组大修安全注意事项

（1）特殊工种必须由持有上岗证的人员操作，专业施工（如电气、起重、高空作业、气焊等）必须执行各专业的安全制度。

（2）机组大修必须配一名有证专职安全员，负责整个大修的安全工作，班组须配备一名兼职安全员，负责班组施工现场安全。

（3）检修前先放上下游工作门、检修门，抽流道排水，不能维持检修需要的低水位不得开启水泵，须堵漏，防止大修期间水泵层进水。排水值班人员必须 24 小时坚守岗位，不得从事其他工作，按时巡视排水泵运行情况。汛期施工须有防汛应急措施。

（4）电机井、水泵井须设置安全防护栏，有人员在电机井、水泵井、流道内作业，必须有人留守，保持联络。井下施工需有充足的照明，临时照明采用 36 V 安全电压，移动电气设备的使用应符合有关安全使用规定。

（5）机组大修期间其他机组需运行时，须制定相应安全措施，要防范其他机组运行时的噪声危害。

（6）机组大修的场地布置。在考虑各部件的吊放位置时，除需考虑各部件的外部尺寸，安排合适的吊放位置外，还应根据部件的重量，考虑地面承载能力及对检修工作面和交叉作业是否有影响。设备工具材料等摆放整齐，垃圾及时清理，电缆、架空裸导线要沿墙四周布放，不得在空间交叉乱拉导线，燃料及易燃物品存放必须远离生产施工现场。

（7）机组大修时，应保持大修现场整洁完好，准备充足的塑料布、土工布、木工板、纱头纱布及枕木等。

（8）作业点要张挂安全警示标志，无关人员不得进入施工现场，参观人员进入现场须有专人陪同并正确配戴安全帽。现场施工人员配备必需的保护用品，如安全帽、蹬高鞋、工作服、手套、胶鞋、安全带、防毒口罩等。

（9）物体吊运、起重臂下严禁站人。木制楼梯架设必须牢固、不变形、不能移动。

1.4.2 消防安全

（1）加强消防意识和消防指导，认真贯彻消防制度，经常开展消防活动，定期进行防火检查。

（2）施工现场应严格按《施工现场防火规定》等规范实行。定期检查灭火设备，消除火警隐患，休息室、更衣宿舍更要注意防火。

（3）对施工现场的物资、器材和大型设备加强管理，设置必要的防护设施和报警装置。

（4）凡动用明火时，一定要有防火监护人在场，施工区域内严禁使用电炉，禁止乱拉电线和乱接灯头。

（5）消防器材不得挪作他用，周围不准堆物。

（6）重点部位必须建立"严禁吸烟、严禁动火"等有关规定，有专人管理，落实责任，按规范设置警示牌，配置相应的消防器材。

1.4.3 机组大修流道排水人员岗位职责

为了防止大修期间闸门漏水造成事故，必须及时将流道内的水通过廊道排出，流道排水人员应严格履行以下职责：

（1）服从工作安排，爱岗敬业。

（2）负责流道、集水井内水位的控制，按照排水的技术要求，严格控制流道、集水井内水位。

（3）着装整齐，不得穿拖鞋进入施工现场，严禁酒后上班或上班时间饮酒。

（4）发现紧急异常情况，应立即向现场负责人员汇报，并积极做好异常情况的紧急现场处理。

（5）做好排水值班记录和日常工作记录。

（6）大修中接到命令，其他机组运行时，由运行班负责流道排水工作，履行以上职责。

1.4.4　机组大修施工人员岗位职责

为保证机组大修期间施工人员人身和工程设备安全，保障工程维修质量，机组大修施工人员应严格履行以下职责：

（1）服从现场负责人的工作安排，爱岗敬业。

（2）严格遵守大修作息时间、履行考勤制度。

（3）着装整齐，进入施工现场不得穿拖鞋，严禁酒后上班或上班时间饮酒。

（4）严格遵守各项操作规程，对发现存在安全隐患的设备及时处理或汇报，对不规范的操作及时制止。

（5）熟悉机组大修施工准备、拆卸、装配、验收流程，并具备一定的操作技能。

（6）爱护现场设备及工具。

第 2 章　机　组　检　修

2.1　概述

2.1.1　机组检修的目的和基本原则

机组运行要求"安全、高效、低耗"。泵站在工作中，所有机电设备均应具有很高的运行可靠性，保证机电设备经常处于良好的技术状态。因此，必须定期对泵站的全部机电设备进行检查、维护与检修，及时发现问题、消除隐患、预防事故发生，保证机组运行的稳定性和可靠性，延长机组使用寿命。

通过对机组的维修，还可以发现设计、制造和安装过程中的问题，积累运行经验，为泵站更新改造提供依据，并为类似泵站的设计、制造、施工、安装提供有益的资料。

机组检修始终坚持质量第一、预防为主的方针；坚持应修必修、修必修好的原则。

2.1.2　检修材料和易损零部件的备品备件

（1）检修计划中特殊项目所需要的大量材料、特殊材料和备品备件，应由使用部门编制计划，由采购部门组织供应。

（2）为保证检修工作顺利完成，对计划中提出的重大特殊项目，按已批准的技术方案，尽早联系备品、配件和特殊材料的订货、内外技术合作和技术攻关等工作。

（3）应配置相应的设备管理人员与机构，负责备品、配件的采购与管理。备品配件明细表必须注明产品代号、名称及所属装配等，便于在工厂内采购。

（4）可以在分析历次检修用料的基础上，制定材料消耗定额，以便检查检修节约成果。

2.1.3　检修分类

机组检修的分类主要依据检修的性质、工作量、检修的时间来划分。一般分为定期检查、小修和大修。大修又分为一般性大修（也称大修）和扩大性大修。

1. 定期检查

定期检查是在每个检修周期内和机组运行期间必须安排的有计划的设备检查，一般在机组处于备用停机状态时进行。定期检查分为运行期间检查和冬季维修检查两种，运行期间检查主要是在每次运行间隙期进行，冬季维修检查是排灌结束后进行。定期检查范围指运行人员可以进入直接接触的部件，如传动部分、自动化元件及机组保护设备等。定期检查可以了解设备存在的缺陷和异常情况，为确定机组运行和检修提供资料，为安全运行创造条件。运行定期检查可根据实际情况决定，一般在检修周期内进行 3～5 次。冬季维修检查每年必须进行 1～2 次（一般在停机后和第二年开机前各检查 1 次）。

2. 小修

小修是一项有计划地对设备进行维护、修理的工作。小修项目是根据运行中掌握的情况和定期检查中发现的问题有目的地进行的修理项目。小修是在不拆卸整个机组和较复杂部件的条件下进行的，重点处理设备的部分问题。机组小修的目的是及时处理设备缺陷，延长机组大修周期，并为大修提供依据。机组小修可以在运行期间进行，是一项具有随时性而又不可忽视的工作，如果不及时进行小修，小缺陷就可能会变成大缺陷，以至造成事故。对运行管理人员来说，小修是排灌间隙和冬季维护期的经常性工作之一。

3. 大修

大修是消除设备的重大缺陷，恢复机组各项技术指标的一项十分繁重的艰巨工作。机组大修理又分为一般性大修和扩大性大修。一般性大修是一项有计划地对水泵机组各部件分解、检查处理、更换易损件、修补磨损件的工作。必要时对机组的水平、摆度、同轴度等进行重新调整，它的任务侧重于对重要部件的修复。扩大性大修是对运行中各零部件严重磨损、损坏，导致整个机组性能与技术经济指标严重下降的机组的修复工作。一般整机全部要求解体，重新修复、更换、调整、改造机组的一些部件，重新调整机组水平、摆度、同轴度等，是一项全面性的修复工作。机组大修是维护工作的重点和中心，合理确定大修的项目，对于提高运行管理水平十分重要。

2.1.4 机组检修周期

2.1.4.1 主机组检修周期

主机组检修周期应根据机组的技术状况和零件的磨损、腐蚀、老化程度以及运行维护条件确定，可按表 2.1 的规定进行，也可根据具体情况提前或推后。

表 2.1 主 机 组 检 修 周 期

检修类别	检修周期/a	运行时间/h	工 作 内 容	时间安排
定期检查	0.5	0～3000	了解设备状况，发现设备缺陷和异常情况，进行常规维护	汛前和汛后
小修	1	1000～5000	处理设备故障和异常情况，保证设备完好率	汛前或汛后及故障时
大修	3～6	3000～20000	一般性大修或扩大性大修，进行机组解体、检修、安装、试验、试运行，验收交付使用	按照周期列入年度计划

主机组运行中发生以下情况应立即进行大修：①发生烧瓦现象；②主电动机线圈内部绝缘击穿；③其他需要通过大修才能排除的故障。

2.1.4.2 机组大修周期

机组大修一次使用年数即为大修周期。表示为

$$T = t_{总} / t_{平均} \tag{2.1}$$

式中 T——大修周期，a；

$t_{总}$——一个大修周期内的总运行小时数，h；

$t_{平均}$——一年平均小时数，h/a。

由式（2.1）可以看出，年平均运行小时数确定后，总运行小时数是确定大修周期的关键指标。但是年平均运行小时数主要根据各泵站的排灌作业不同，以及年度气候条件差异来确定，要根据泵站多年运行资料确定一个合理的年平均运行小时数。

一个大修周期内的总运行小时数 $t_{总}$ 是一个关键指标，它反映了各方面的因素和管理水平，但也与机组结构、容量大小、使用条件和制造质量等因素有关。不同机组，其 $t_{总}$ 不一样。机组总运行小时数一般受水泵时数控制，水泵时数受水泵轴与轴颈磨损情况的影响。对于使用橡胶瓦轴承的机组，由于橡胶瓦轴承的磨损主要受润滑水水质的影响，其磨损程度较使用油轴承的大，因此，使用油轴承的比橡胶轴承总小时数大。根据电力排灌站实际情况，一般一个检修周期的总运行小时数以 2000～4000h 为宜。因此电力排灌站大修周期应确定为 3～5 年。

有了大修周期，就可以制定大型泵站的年修计划，即

$$N=N_{总}/T \tag{2.2}$$

式中　N——年修机组台数；

　　　$N_{总}$——泵站总装机台数；

　　　T——大修周期。

确定机组大修周期和台数后应根据情况选定大修机组，被选定机组一般符合以下两种情况。

1. 定期大修机组

机组经过一定时间的运行，某些易损件的磨损程度超出了允许值，机组虽没有丧失运行能力，但必须进行大修。这种根据机组累计运行小时数确定的大修，称为定期大修。

2. 不定期大修机组

机组总运行小时数虽然没有达到一个大修周期内的运行小时数，但机组停用时间长，以及机组本身及建筑物不均匀沉陷的影响，使水泵的垂直度及某些安装数据发生了较大变化，或者由于设备发生事故被迫停止运转所进行的大修，如电机线圈损坏、水泵叶轮调节机构发生故障等，称为不定期大修。

大型泵站机组检修应以定期大修为依据，考虑不定期大修的特殊情况，编制一个切实可行的检修计划，这是泵站管理的一项重要工作。那种认为机组坏了才大修的观点是不全面的，它将使检修工作失去计划性，其至给安全运转带来极大危害，从长远来看，也会对机组寿命产生不良影响。

2.1.5　检修内容

定期检修，可及时排除水泵缺陷，保持水泵良好的技术状态。水泵除日常维护管理外，在运行结束后应进行一次维护或小修，经过一段时间的运行后进行大修。

1. 定期检查

（1）水泵部分。

1）叶片、叶轮室的空蚀情况和泥沙磨损情况。

2）叶片与叶轮室间的间隙。

3）叶轮法兰、叶片、主轴联轴法兰的漏油、渗油情况。

4）密封的磨损程度及漏水量测定。

5）填料密封漏水及轴颈磨损情况。

6）对油润滑水泵水导轴承的润滑油取样化验，并观测油位。

7）水泵水导轴承磨损情况，测量轴承间隙。

8）地脚螺栓、连接螺栓、销钉等应无松动。

9）测温及液位信号等装置。

10）润滑水管、滤清器、回水管等淤塞情况。

11）液压调节机构的漏油量。

12）机械调节机构油位和动作应灵活，叶片角度对应情况。

13）齿轮箱油位、油质、密封和冷却系统。

14）联轴器连接情况。

（2）电动机部分。

1）上、下油槽润滑油油位，并取样化验。

2）机架连接螺栓、基础螺栓应无松动。

3）冷却器外观应无渗漏。

4）滑环伤痕和电刷磨损情况。

5）制动器、液压减载系统应无渗漏，制动块应能自动复归。

6）测温装置指示应正确。

7）油气水系统各管路接头应严密，无渗漏。

8）轴承受油器的绝缘情况。

9）电动机轴承应无甩油现象。

10）电动机干燥装置应完好。

2. 水泵的小修

（1）水泵部分。

1）叶片漏油处理，更换密封件和润滑油。

2）水泵主轴填料密封、水泵水导轴承密封更换和处理。

3）油润滑水泵水导轴承解体，清理油箱、油盆，更换润滑油。

4）水润滑水泵水导轴承的更换和处理。

5）叶片调节机构轴承的更换及安装调整。

6）受油器上操作油管的内、外油管处理。

7）半调节水泵叶片角度的调整。

8）液位信号器及测温装置的检修。

9）导水帽、导水圈等过流部件的更换和处理。

（2）电动机部分。

1）冷却器的检修。

2）上、下油槽的处理、换油。

3）滑环的加工处理。

4）制动器和液压减载系统的检修。

5）轴瓦间隙及磨损情况检查。

3. 水泵的大修

水泵一般运行 3～5 年，累计运行 2500～15000h（多泥沙河流 1500～2500h）后安排大修。大修内容包括：水泵泵轴轴颈检查或修理；全调节水泵的受油器及其附属设备或零件更换；全调节水泵泵壳内部的检查或修理和规定的预防性检修试验等。在保养中如发现由于技术备品配件以及经营等问题无法解决的，或在运行中因事故而发生的必须抽出转轮检修的均列入大修项目。

（1）大型水泵大修的主要项目（表 2.2）。

表 2.2　　　　　　　　　　　　　　大型水泵大修的主要项目

部件名称	检　修　项　目
水泵轴承	（1）转动油盆的检修，毕托管或油泵检查分解处理。 （2）水润滑轴承的检查、清扫或更换轴承。 （3）卧式机组油轴承的检查修刮。 （4）轴承间隙的测量、调整。 （5）迷宫止水部件的磨蚀处理和间隙测量调整。 （6）端面密封止水部件的磨损处理和调整。 （7）止水围带的修理或更换
叶轮及泵轴	（1）叶轮叶片与叶轮室的间隙测量。 （2）叶轮和叶轮室空蚀、磨损检查、处理。 （3）叶轮静平衡试验。 （4）叶轮叶片密封装置的更换。 （5）叶轮体耐压、密封试验。 （6）叶轮叶片接力器的修理或更换。 （7）泵轴轴颈的清扫检查和处理。 （8）防锈涂漆。 （9）泵轴中心的调整
受油器	（1）受油器的分解检查、测量与调整。 （2）操作油管的检查、修理或更换。 （3）铜瓦的研刮处理、更换及间隙测量
机组辅助设备系统	（1）储油箱和过滤器的检查、清扫，压力油箱的耐压试验。 （2）油系统的透平油过滤和化验。 （3）压力油泵、安全阀、阀门等的分解、检查、修理或更新、试验、调整。 （4）各油箱除锈涂漆。 （5）排水泵、供水泵及安全阀、逆止阀、滤网、阀门等的分解、检查、修理或更换。 （6）空气压缩机、安全阀、逆止阀、旁通阀、阀门等的分解、检查、修理、试验、调整。 （7）油压启闭机检修
附属的电气设备	（1）仪表检修、修理或更换。 （2）附属电动机的检查修理或更换。 （3）保护和自动装置及其元件的检查、修理、更换、调整、试验
其他	根据设备情况确定需要增加的项目

（2）中小型水泵的大修项目。

1）执行维护小修项目。

2）进行全面的清洗工作。清洗内容包括：清洗拆开的泵壳等部件的法兰接合面；把叶轮、叶片、口环、导叶体、轴等处的积存水垢、铁锈刮去；清洗轴承、轴套、轴承油室；用清水洗净橡胶轴承，晾干后涂上滑石粉；用煤油清洗所有的螺丝。

3）检查水泵外壳有无裂缝、损伤、穿孔，接合面和法兰连接处有无漏水、漏气现象，必要时进行修补。

4）检查或更换离心泵的口环、叶轮、轴套。

5）检查轴瓦有无裂缝、斑点，乌金磨损程度及与瓦胎接合是否良好，必要时进行轴瓦间隙调整处理。

6）检查滚动轴承滚珠是否破损，间隙是否合格，在轴上安装是否牢固，必要时更换轴承。

7）检查轴流泵的叶片在动叶头上固定是否牢固，必要时更换已损叶片。

8）校正水泵机组的靠背轮中心。

9）对于偏磨严重的轴流泵机组，应测定其同心度及泵轴的摆度。

10）进厂修理如修补泵轴、轴颈镀铬等。

2.1.6　检修要求

（1）机组解体的顺序应按先外后内、先电机后水泵、先部件后零件的顺序原则进行。

（2）各连接部件拆卸前，应查对原位置记号或编号，如不清楚应重新做好标记，确定相对方位，使重新安装后能保持原配合状态。拆卸应有记录，总装时按记录安装。

（3）零部件拆卸时，应先拆销钉，后拆螺栓。

（4）螺栓应按部位集中涂油或浸在油内存放，防止丢失、锈蚀。

（5）零件加工面不应敲打或碰伤，如有损坏应及时修复。清洗后的零部件应分类存放，各精密加工面，如镜板面等，应擦干并涂防锈油，表面覆盖毛毡；其他零部件要放置在干净木板或橡胶垫上，避免碰伤，上面用布或毛巾盖好，防止灰尘杂质侵入；大件存放应用木方或其他物件垫好，避免损坏零部件的加工面或地面。

（6）零部件清洗时，宜用专用清洗剂清洗，周边不应有零碎杂物或其他易燃易爆物品，严禁火种。

（7）螺栓拆卸时宜用套筒扳手、梅花扳手、开口扳手和专用扳手，不宜采用活动扳手和规格不符的工具。锈蚀严重的螺栓拆卸时，不应强行扳扭，可先用松锈剂、煤油或柴油浸润，然后用手锤从不同方位轻敲，使其受振松动后再行拆卸。精制螺栓拆卸时，不能用手锤直接敲打，应加垫铜棒或硬木。

（8）各零部件除接合面和摩擦面外，应清理干净，涂防锈漆。油缸及充油容器内壁应涂耐油漆。

（9）各管道或孔洞口，应用木塞或盖板封堵，压力管道应加封盖，防止异物进入或介质泄漏。

（10）清洗剂、废油应回收并妥善处理，不应造成污染和浪费。

（11）部件起吊前，应对起吊器具进行详细检查，核算允许载荷，并试吊以确保安全。

（12）机组解体过程中，应注意原始资料的搜集，对原始数据必须认真测量、记录、检查和分析。机组解体前应收集的原始资料主要包括：①同轴度的测量记录；②机组水平数据的测量；③叶轮外缘间隙的测量；④配合部件的内外径测量；⑤转动轴线摆度的测量记录；⑥零部件的裂纹、损坏等异常情况记录，包括位置、程度、范围等，并应有综合分析结论；⑦其他重要数据的测量记录。

2.2 大修准备

2.2.1 准备工作

主机组大修准备工作包括人员组织、查阅资料、编制计划以及专用工具准备等。

1. 人员组织

大修前应成立大修组织机构，配备工种齐全的技术骨干和检修人员，特别是要配备一名经验丰富的起重工人，明确分工和职责。

2. 查阅资料

大修前应通过查阅技术档案，了解主机组运行状况，主要内容应包括：

（1）运行情况记录。

（2）历年检查保养维修记录和故障记录。

（3）上次大修的总结报告和技术档案。

（4）近年汛前、汛后检查的试验记录。

（5）近年泵站厂房及机组基础的垂直位移观测记录。

（6）机组图纸和与检修有关的机组技术资料。

3. 编制计划

编制大修施工组织计划，主要内容应包括：

（1）机组基本情况，大修的原因和性质。

（2）检修进度计划。

（3）检修人员组织及具体分工。

（4）检修场地布置。

（5）关键部件的检修方案及主要检修工艺。

（6）质量保证措施，包括施工记录、各道工序检验要求。

（7）施工安全及环境保护措施。

（8）试验与试运行。

（9）主要施工机具、备品备件、材料明细表、各种测量表格。

（10）大修经费预算。

4. 专用工具准备

（1）叶轮托架。用于水泵叶轮的组装，叶片在现场组装上叶轮体。

（2）求心器横梁。用于机泵安装过程中轴线的测量。

（3）求心器。用于机泵安装过程中轴线中心的找正。由底盘、纵向拖板、横向拖板、卷扬筒、棘轮和摇手柄等组成。

（4）盘车工具。用于机泵安装过程中摆度测量需要盘车时的工具，利用该装置进行人工盘车。

（5）液压螺栓拉伸器。液压螺栓拉伸器主要用于主电机转子拼装中螺栓的紧固，拉伸器由手压油泵和拉伸头组成，用高压橡皮软管与拉伸头联结。

（6）各种专用扳手和测量用的工具。测量用的工具方面，在进行机组轴线测量时，为达到各控制直径的精度要求，需备内径千分尺。

2.2.2 行车操作规程

1. 运行前的准备工作

（1）定期对行车电气设备进行检查保养、绝缘、接地电阻测试。

（2）检查行车行走传动轴、齿轮、车轮是否完好，电动葫芦行走传动齿轮、起吊绳鼓是否完好，钢丝绳在绳鼓上排列是否有序，有无扭曲、打结、断丝现象，绳头与绳鼓、吊钩连接是否牢固，行车刹车、限位装置是否牢靠，各部润滑油是否良好。

（3）检查行车和电动葫芦轨道有无障碍物，固定螺栓是否松动。

（4）检查变阻箱、控制箱、操作按钮、滑触线、限位开关等电器是否完好。

（5）合上电源开关，按动启动按钮，点动行车行走按钮进行行车试车，采取点接触按钮进行电动葫芦试运行，查看吊钩升、降方向，电动葫芦前进、后退方向是否与升、降、进、退按钮相一致。

（6）以上检查如发现问题，处理后方可投运。

2. 操作注意事项

（1）操作人员应掌握行车设备性能和操作规程，操作技术熟练，严禁非操作人员上岗操作。

（2）操作人员必须按现场指挥人员的指令操作，做到集中思想、谨慎操作，并与挂钩人员紧密配合，挂钩人员需将吊钩与吊环（或吊绳）挂牢，起吊前应将物件扣紧。

（3）吊重严禁超过设计标准。

（4）严禁吊物从工作人员和重要设备上方通过，严禁被吊物上站人。

（5）严禁斜拉、歪吊。

3. 操作程序

操作人员必须按照现场指挥人员指令进行以下各项操作：

（1）按动行车行走按钮，行车缓慢运行至需吊物件上方，松开按钮。

（2）按动电动葫芦前进（或后退）按钮，吊钩运行至物件上方对准吊环（或吊绳），松开前进按钮。

（3）按下降按钮，吊钩下降至吊环（吊绳）处，松开下降按钮，用吊钩挂牢吊环（吊绳）。

（4）按动提升按钮，将物件缓吊起至指定高度松开提升按钮。

（5）按动行车行走按钮，行车运行至物件停放位置上方，松开按钮。

（6）按动前进（或后退）按钮，将物件对准停放位置上方，松开前进（或后退）按钮。

（7）按动下降按钮，将物件平缓降至停放地点，松开下降按钮，卸下吊钩。

（8）按动提升按钮，将吊钩回到原位，松开提升按钮。

（9）按照上述操作程序，进行下一物件的吊运。

（10）起吊结束后，将行车返回至停放位置。

（11）按电源停止按钮，切断行车电源，断开进线电源。

（12）定期对行车进行检查保养，发现问题及时处理。

2.3　闸门的启闭

2.3.1　启闭前的准备

对闸门的启闭必须按照控制运用计划以及上级主管部门的指示执行，确定闸门运用方式和启闭次序，按规定程序执行。

启闭前做好各项准备工作。为了使闸门能安全及时启闭，还应对闸门及闸门启闭设备进行必要的检查。

（1）闸门检查。检查闸门的开度是否在原定的位置；要求闸门周围无漂浮物卡阻，门体不得偏斜；在冰冻地区，冬季启闭闸门前应检查闸门的活动部位有无冻结现象，有旁通阀门的建筑物，还要检查旁通阀门。

（2）启闭设备的检查。启闭闸门的电源（包括备用电源）或动力应无故障，用人力启闭的要备妥足够数量的工人；要求电动机正常、相序正确，机电安全保护设备和仪表完好、机械转动部位的润滑油充足，特别要注意高速部位（如齿轮箱等）的油量应符合规定要求。钢丝绳符合使用要求，螺杆、连杆和活塞杆等无弯曲变形，吊点结合牢固。液压启闭机的油泵、阀、滤油器均正常，油箱的油量充足，管道、油缸不漏油。移动式启闭机的缓冲器、阻挡器和各种限位开关等灵活可靠，机架能够准确地移到启闭位置。

对检查中发现的问题处理好后方能进行操作。

2.3.2　操作运行

闸门的操作运行应按照设计规定执行，工作闸门一般能在动水情况下启闭，快速事故检修闸门不能用于控制流量。

启闭机的操作程序如下：

1. 电动及手、电动两用卷扬式、螺杆式和齿条式启闭机

（1）电动机启闭的操作顺序，凡有锁锭装置的，应先打开锁锭装置，然后合上电器开关。当闸门运行至预定位置后，及时断开电器开关，装好锁锭，并切断有关电源。

（2）用人工操作手、电两用启闭机时，应先切断电源，合上离合器后，才能进行操作。如使用电动模式时，应先取下摇柄、拉开离合器后才能按电动操作程序进行操作。

2. 液压式启闭机

（1）打开有关阀门，并将换向阀手柄扳至所需位置。

（2）打开锁锭装置。

（3）合上电器开关启动油泵。

（4）逐渐关闭回油控制阀使系统升压，开始运行闸门。

（5）在运行中如需改变闸门运行方向，应打开回油控制阀至极限（有时需同时停机），然后扳动换向阀手柄进行换向。

（6）停机前，应先逐步打开回油控制阀，当阀门达到上、下极限位置，而压力再升时，应立即将回油控制阀开至极限位置。

（7）停机后，将换向阀手柄扳至停止位置，关闭所有阀门，锁好锁锭，切断电源。

启闭机启动后，应该检查转动方向、开度指示器及各种仪表指示的位置是否正常，查看启闭机是否过载、有无异常声音等。冰冻时期，应将阀门附近的冰破碎或融化后再开启阀门。闸门启闭完毕后，要校核闸门开度并做好详细记录。

2.3.3　钢闸门的检修维护

1. 门叶结构的维护

门叶结构的维护主要有行走支承和导向装置的维护、止水装置的维护、闸门振动及其防护等工作。

（1）行走支承和导向装置的维护。支承行走装置是闸门运行的主要活动和承力部件，一方面将门体所承受的压力传递到土建部分，另一方面可保证闸门在运行中产生的摩擦阻力较小。

支承行走装置常因维护不善而出现不正常现象，较常出现的有滚轮锈死，使滚动摩擦变为滑动摩擦；有的弧形闸门支铰由于缺乏润滑设施而剪断止轴板螺栓，使固定轴变为转动轴，使闸门运行不良，启闭力增大。对支承行走装置的维护工作，主要是加强润滑和防锈。

行走支承和导向装置的维护措施如下：

1）闸门全部滚轮、弧形门铰接，闸门吊耳销轴以及其他类型闸门的活动部位均应经常加注润滑油保护，并使润滑油充满其间隙，除保证足够的润滑外，还具有防锈作用。

2）设有加油装置，应保证油孔、油道清洁畅通；加油装置可定期拆下清洗后，涂抹润滑脂。

3）防止滚轮锈死及其维护方法。在每个滚轮轴端的油孔外面加装油嘴，由启闭机室油箱通过软管自流供给润滑油；在闸门顶上安装加油器。

（2）止水装置的维护。止水装置损坏后，除漏水量增加外，还会引起闸门振动。对于水封允许漏水量，闸门全闭状态时的漏水量不应超过下列数值：木止水 $1.0dm^3/(s \cdot m)$；木加橡胶止水 $0.3dm^3/(s \cdot m)$；橡胶止水 $0.1dm^3/(s \cdot m)$。

水封漏水的原因如下：

1）设计方面。水封结构布置和结构型式不当，选用的水封材料性能不合要求及闸门刚度过小等。

2）制造安装方面。水封座板不平直，水封座板与水封安装偏差过大，安装不够牢固。

3）运行方面。橡胶水封经长期磨损后与水封座间隙过大，橡胶老化产生塑料变形而失效，易产生断裂或撕裂等破坏，水封固定螺栓松动或脱落等。

水封的维护工作包括：检查水封是否与水封座密合接触，水封有无磨损、老化或局部损坏；固定水封构件的螺栓有无松动、锈断等，如有问题应及时处理；为了减少橡胶水封磨损，必须适当调整预压缩量，使其在设计值范围内使用；对于水封座的粗糙表面，可采用打磨、涂抹环氧树脂等方法使其光滑平整，当发现因橡胶磨损造成与水封座间隙过大而漏水，可及时调整间隙，加垫橡胶片；为防止橡胶水封的老化，在橡胶非摩擦面涂防老化涂料；如橡胶老化失效，应及时更换。

（3）闸门振动及其防护措施。闸门在启闭过程中或局部开启时，往往会出现振动。闸门振动的原因十分复杂，目前还没有彻底摸清楚。

1）常见的闸门振动现象。闸门水封漏水，水封发生振动而使闸门振动；波浪冲击闸门使闸门振动；闸门结构的刚度较差，闸门底缘型式选择不合理。

2）常见闸门防振动措施。调整闸门水封使之与门槽水封座板紧密接触，不漏水，避免闸门停留在振动较大的开度上；有条件的水闸，在闸门下游加设消浪设施；增加闸门的刚度。

2. 埋设构件的维护

闸门埋设构件主要包括工作轮轨道、反轨、侧轨、水封座、门根护面、底坎、支座、锁锭器等。水上部分要经常维护，水下部分应进行定期维护，保证完好、牢固和表面平整。

主要维护工作如下：

（1）防止锈蚀。各埋固铁件除轨道水上部位摩擦面可涂油脂保护外，凡有条件的均宜涂坚硬耐磨的防锈涂料。有密封要求的部位，如固定止水座的沉头螺钉处，可采用环氧树脂或其他防水封闭。

（2）防止空蚀。防止空蚀的方法有：①尽量使流水结构表面平整光滑；②设计时选用合理的门槽型式；③在空蚀部位增设补气措施；④对已遭空蚀损坏的部位，用耐空蚀材料补强（如焊不锈钢或粘补环氧树脂等）。

（3）定期清淤。门槽、门库和弧形闸门浮动顶水封座槽等的淤积物必须定期进行清淤除污。

（4）检查埋设构件。如发现埋设构件松动、变形、翘起、脱落及空蚀等现象，应按具体情况予以紧固、矫正和补强。

3. 闸门防冰

闸门防冰的方法有很多，目前国内普遍采用的是电热防冰法和吹气防冰法两种，东北地区的潜水泵防冰法还在逐渐发展。

（1）电热防冰法。一种是直接加热被保护的结构；另一种是在闸门的迎水面上设置加热器，把电能变为热能，在闸门前形成一条不结冰的水面，使闸门免受冰压力的威胁，缺点是耗电量大。

（2）吹气防冰法。利用空气压缩机把压缩空气用输气管引到闸门的适当部位。从特设的喷嘴中射出，产生气泡与周围较温和的水相混合，形成一股上下循环的温水流，既能融化浮冰又能防止新冰形成，防冰效果很好，但设备投资较大，运行耗电量较多，噪声也大。

（3）潜水泵防冰法。利用潜水泵把水面以下较低层的温水不断地排到水面上来，形成一股温水流，使表面不能结成新冰，也可以融化浮冰。

除上述维护工作外，还需经常清理闸门上的杂物（如水生物、杂草污物和积水），并定期排除多泥沙河流中影响闸门正常工作的泥沙等。

4．钢结构防腐蚀

（1）常用的防腐蚀方法。

1）涂料防腐蚀。用油漆、高分子聚合物、润滑油脂等涂敷在钢结构表面，使钢结构表面与水或其他能引起腐蚀的介质隔离，达到防腐蚀的目的。其优点是工艺简单，便于实施，材料来源较容易，费用较低。

2）喷镀锌防腐蚀。采用熔点较低的锌金属作为原料，通过可调节温度的火焰和压缩空气的喷射，使其在钢件表面上形成一层金属层，达到防腐蚀的目的。这种方法保护周期较长，维护工作量小，工艺较复杂，投资大，但有毒。

3）外加直流电阴极保护与涂料联合防腐蚀。根据金属腐蚀原电池原理，外加一直流电源，在闸门附近设一个辅助电极，把电源正极接在辅助电极上，该电极称为阳极，同时把负极接在闸门上，形成了一个阴极保护系统，中和闸门上腐蚀原电池的电流，使闸门成为一个整体阴极而达到保护目的。

（2）钢结构表面处理。

1）化学除漆。利用碱液或有机溶剂与油漆发生反应来达到除漆的目的。

碱性脱漆膏的配制：纯碱石灰脱漆膏用料配合比（重量比）为纯碱∶生石灰∶水＝1∶1.5∶10。

a. 碱性脱漆膏的使用操作。使用前，必须将油漆表面的灰垢除尽，然后用刷子将溶液均匀涂刷。当油漆层开始分解时，即可用钢刷刷一次，将其刷成乳糜状，再涂一层溶液，约 10min 后即会全部削落，用一般铲刀轻轻铲除，最后用清水冲刷干净，不得留有溶液剩余物。金属表面干燥后可涂上新油漆。操作人员要戴手套，用过的工具立即用清水冲洗干净，以免腐蚀。

b. 有机脱漆剂的配制。乙醇∶丙酮∶甲苯∶石蜡＝11∶5∶32∶2。配制时将石蜡加热溶化于甲苯或纯苯中，然后加入余下溶剂混匀。

c. 有机脱漆剂的使用方法。使用脱漆剂时先将钢结构表面的灰垢、水分和油污除净，然后涂上脱漆剂，静置 5～10min，使脱漆剂充分渗透到漆层内使其膨胀、溶解或变软。用铁刮刀或竹刮刀轻刮后用清水冲洗干净，如果涂抹一次除漆不干净，可再次涂抹脱漆剂。在整个脱漆过程中，应注意经常保持漆膜湿润，否则应再抹脱漆剂。

最后将用过脱漆剂的金属表面上残留的蜡质或酸性化学介质，用稀释剂或中和剂洗刷掉，以免影响新涂漆膜的干燥和附着力。

2）化学除锈。化学除锈是利用无机酸与锈蚀产物进行化学反应来处理铁锈。采用化学除锈法工效较高，质量也好，并改善了劳动条件，不需要大型专用设备。

a. 化学药膏的配方。盐酸（比重 1.1）∶锯木屑（作为载体）∶六亚甲基四胺（即乌托品）∶耐火泥（作为载体）∶水＝20∶适量∶1∶适量∶29。

b. 化学药膏的使用方法。使用时，先除去表面的油污，然后将药膏涂敷在被处理的金属表面上，厚度为 1～3mm，药膏停留时间一般为 20～60min，重锈若一次除不尽，可以再除一次，有条件时，温度最好高于 30℃，以加速酸洗。在涂膏以后，要防止雨水冲掉药膏。为检查除锈情况，可剥开小片酸洗膏检查除锈情况，若金属母材显露则可除去酸洗膏，用水冲洗干净，清除残留酸液，冲洗后用试纸检查，当 pH≥6 时为合格。为防止再生锈，可用钝化液（0.3％）浓度的亚硝酸钠水溶液涂刷。

3）干喷砂除锈、除漆。借压缩空气驱动砂粒通过专用的喷嘴以较高的速度喷射到结构表面上，依靠砂粒棱角的冲击和摩擦达到除漆、除锈的目的。这种处理方法效率高、质量好，可以得到无污染、露出钢铁本色的干燥而粗糙的表面，从而延长保护周期。该工艺较复杂，需要一套专用设备。

4）化学水喷砂除锈、除漆。这种方法是在干喷砂除锈、除漆的基础上发展起来的。它使水和砂混合喷出，以减少砂尘的危害和影响。同时，为防止喷砂物质表面生锈，在喷砂过程中适当加入的 0.3％浓度的亚硝酸钠水溶液化学水，可以保持被喷砂的表面上生成一层钝化膜，使表面不会二次生锈，从而大大减少灰尘。但化学水喷砂质量不及干喷燥砂质量好，工作环境潮湿，工作效率比干喷砂低，成本相应增加。

5）高压水与高压水砂除锈、除漆。水力除锈是利用高压水射流的冲击作用除去金属表面的铁锈、旧漆皮和污物。这种方法效率较高，无需其他附属材料，不会磨损钢板，并解决了除锈过程中的灰尘问题，适用于大面积的金属表面除锈、除漆。高压水砂除锈、除漆是把高压水和砂一起射出，利用水和砂的冲击和摩擦除锈、除漆，可以除一些坚硬的旧漆皮。

2.4 电机和齿轮箱检修

2.4.1 电机和齿轮箱拆卸流程

电机和齿轮箱的拆卸流程如图 2.1 所示。

2.4.2 电机的拆卸

1. 整机拆卸

秦淮新河泵站电机是三相异步电机，拆卸时是整机拆卸，进行返厂维修。

（1）分解引线。办完开工手续后，打开接线盒盖或剖开接线绝缘包头，做好相应标记后拆开接线，在电缆头上用铜导体短路接地。对拆开的电缆头要采取保护措施，不得弯折或受机械碰撞，若原接头要绝缘包扎，要记下包扎情况，检修后照原样恢复。

（2）测绝缘并做好记录。高压电机用 2500V 兆欧表测量，一般绝缘电阻应不低于 1MΩ/kV，低压电机用 500V 兆欧表测量，绝缘电阻值应不低于 0.5MΩ/kV，否则要找出原因，进行

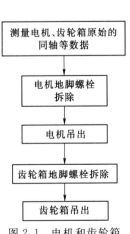

图 2.1 电机和齿轮箱
拆卸流程

处理，受潮时要按"电动机干燥"按钮进行烘干。

（3）分解连接对轮及其护罩。

（4）拆地脚螺栓。

（5）将行车吊钩调整到电机中心正上方，根据吊耳的位置布置好吊索，检查系统各项安全可靠之后，行车开始工作，吊运初期应点动。将电机缓慢吊离基础面 100mm 左右，停留片刻后再缓慢落下，重复起落三次，确认无误后方可正式吊运电机。吊运过程中应时刻防止吊索的摆动和电机的旋转，避免电机箱偏移，与周围物体发生剧烈撞击。

（6）当电机高度超过电机井一定高度后，水平方向上运行行车，待走到检修场地上方时，调整好方位后缓慢下落到适当的位置。要放置稳固以免滚动，放置地点应清洁、干燥。移位时要注意地脚垫片对原位保存好，或交给所属机械部门收存。

在上机架落实后停留 10min，确认没有异常再将吊索拆除。在电机上铺设塑料膜，防止灰尘杂质侵入。图 2.2 所示为电机箱吊运。

图 2.2　电机箱吊运

2. 定子与转子可分开拆卸的电机

（1）拆对轮。按对轮大小选装适当拉马，调整拉马顶丝杠与轴中心对正并加一定紧力，对轮紧力不大的可不加温即能拉下，紧力大的对轮要用火焊加温，边转动边烤，使其受热均匀。加温不可时间过长，温度不得超过 200℃。当温度达到合适时迅速将对轮拉下，在对轮拉至将与轴脱开时，要将对轮吊好或抬好以防碰伤，对轮拉下后做好键的位置标记，取下存放好。

（2）拆下风罩。

（3）拆下外风扇。方法同拆对轮，若是靠紧固螺丝上紧的风扇，松开紧固螺栓即可撬下，做好键的位置标记，取下存放好。

（4）拆端盖。首先做好外轴承盖对端盖、端盖对机座的相对位置标记，先拆下外轴承盖，再拆下端盖螺栓，用此螺栓装在顶丝孔内，从对角将端盖均匀地顶开，在端盖上装好吊环并吊好，用撬杠在两侧对称点慢慢将端盖撬下；用撬杠时不要碰伤线圈，要防止端盖歪扭和下落，碰伤绝缘和轴，放好端盖，避免止口受伤。在拆第二个端盖时，注意不要使转子铁芯擦伤定子铁芯和定子线圈，必要时可在定子气隙间垫以厚纸板。

（5）抽转子。

1）抽转子的方法。

a. 对于水泵电机，由专业起重设备抽转子，与电气部分密切协作，做好间隙监视，不得碰坏铁芯、线圈和风扇。

b. 其他大中型电机，可利用电动葫芦和锚头吊用抽转子专用工具抽出。

c. 小型电机抬出转子即可。

2）抽转子时的注意事项。

a. 选用的抽转子专用工具要与电机的轴径配合得当，轴上要先包好衬垫物，以保护轴不受损伤。

b. 起吊用索具要完好并有足够的安全系数，钢丝绳承重要满足表2.3的容许值。

表 2.3　　　　　　　　　　　　　　钢丝绳夹角与容许荷重

夹角/(°)	0	30	45	60	90	120
容许荷重/%	100	98	92	86	70	50

c. 定子、转子气隙调整均匀后，方能慢慢匀速地将转子抽出。调整气隙时，电动葫芦吊切勿猛升和猛落，以免定子随同吊起或损坏工具设备甚至伤人。在抽转子过程中随时监视气隙，不得使定子、转子相碰，特别要注意不能碰伤风扇和线圈。

d. 转子抽出后，在转子铁芯下垫枕木或放在专用架上，以备检修。

e. 用钢丝绳缚转子铁芯或轴配合面时，要垫上厚纸板或橡皮。

2.4.3　齿轮箱的拆卸

拆除齿轮箱与联轴器的连接螺栓，拆除齿轮箱底座连接螺栓。

将厂房行车吊钩调整到电机中心正上方，将吊索穿于齿轮箱顶部四个吊耳中，另一边挂在行车吊钩上。

固定之后，检查起重系统各项安全可靠之后，行车开始工作。起吊初期应点动，并不断调整吊点中心，直至起吊中心准确，再慢速起吊。如无异常，将齿轮箱缓慢吊离基础100mm左右，停留片刻后再缓慢落下，重复起落三次，确认无误后方可进行正式吊运。吊运过程中应时刻保持吊索垂直，避免齿轮箱偏移，与周围物体发生剧烈撞击。

当齿轮箱超过电机井一定高度后，按照吊运路线运行行车，待到检修场地上方时，调整好方位后缓慢下落到预先放置好的木板上。

图2.3为齿轮箱。

图2.3　齿轮箱整体

2.4.4　电机检修

2.4.4.1　检修定子

1. 检查铁芯

（1）首先用0.2～0.3MPa的干燥、洁净的压缩空气吹净灰尘，用时要特别注意，先排气观察，直到确定气中无水、无油，干燥、洁净时再吹电机。然后用无水清洗剂将静子除净油污。

（2）铁芯应无变形、无碰伤、无熔点、无锈斑，固定紧固。有锈斑时，应用钢丝刷刷掉，并涂硅钢片漆。

（3）通风孔应畅通，通风沟支持板应良好（包括径向和轴向）。有堵塞时应清干净。

2. 检修线圈

（1）用无水清洗剂仔细除去线圈上的油污和灰尘。

（2）线圈绝缘应良好，漆面光洁，不变形、不变色；尤其在槽口处，发现异常必须处理。

（3）绑线、垫块、固定环等应紧固齐全。松动时要重绑或加垫，并刷漆。

（4）各焊接口，包括引出线鼻子，均应焊接良好，无过热现象。有过热时重新焊接。

（5）测直流电阻和绝缘应合格，吸收比应满足 $R60''/R15''>1.3$。三相直流电阻值误差小于 1%（对于老电机可采用小于 2% 的老标准）。

（6）检查线圈等部位，油腐蚀严重、漆面脱落过多的要重新喷漆。

（7）检查出线套管应干净，无裂纹、无脱胶，接线盒完好、密封。

3. 检查端盖

（1）用布和清洗剂把端盖擦净。

（2）检查端盖应完好。无裂纹变形和缺块，轴承室应光洁，所有螺孔完好。

4. 定子铁芯松动处理及松紧螺杆应力检查

定子检修时，首先应检查定位筋是否松动，定位筋与托板、托板与机座环结合处有无开焊现象。由于定位筋的尺寸和位置是保证定子铁芯圆度的首要条件，发现定位筋松动或位移时，应立即恢复原位补焊固定。其次检查铁芯段的工字形通风衬条和铁芯是否松动，定子拉紧螺杆应力值是否达到满足铁芯紧度的规定要求。如果发现铁芯松动或进行更换压指等项目时，必须重新对定子拉紧螺杆应力检查。常用的检查方法有两种：一种是利用应变片测螺杆应力；另一种是利用油压装置紧固拉紧螺杆，使其达到满足铁芯紧度规定要求的应力。用油压装置紧固拉紧螺杆的方法如下：

（1）在定子铁芯装压工作进行到最后压紧时，需紧固拉紧螺杆。可用油压装置使许多拉紧螺杆（如定子铁芯的 1/6～1/4）达到规定的应力。该装置把高压油泵和许多油压千斤顶用管路连通起来组成一个整体，利用每一个油压千斤顶去拉一个压紧螺杆。

（2）工字梁一端支在垫块上，垫块放在机座环上，工字梁的中部通过双头连接螺母拧在拉紧螺杆上，工字梁的另一端放在千斤顶柱头上。油泵启动后，使螺杆拉应力达到规定应力。紧固拉紧螺杆后，如个别铁芯端部有松动，可在齿压板和铁芯之间加一定厚度的槽形铁垫，并点焊于压齿端点。

5. 定子调圆

泵站多年运行后，由于电磁力、机械力、振动等原因，定子可能产生变形。检修时应对定子圆度重新测量，要求与安装时相同。

目前，很多泵站电动机定子的圆度均不理想，但运转起来，电流的波形、磁拉力、振动等方面情况尚好，因此不一定要处理定子的圆度。但当定子不圆度很大，对安全运行造成影响时，必须进行处理。处理的方法是重新叠装定子扇形冲片，也是扩大性大修的重点项目。当定子线圈、定子冲片全部拆卸后（整平、登记、分组编号、妥善保存），利用钢琴线法或测圆架测出定位筋的圆度。如直径出入较大，应拆下定位筋、托板，重新找正并焊牢。如需处理的尺寸不大，直接锉削、刮削定位筋，从而保证圆度。在此基础上重新叠片装压，使其符合铁芯圆度等公差要求。

电机定子的检修工艺和质量标准应符合表 2.4 的规定。

表 2.4   电机定子的检修工艺和质量标准

检 修 工 艺	质 量 标 准
检修前对定子进行试验，包括测量绝缘电阻和吸收比、测量绕组直流电阻、测量直流泄漏电流，进行直流耐压试验	符合规范
定子绕组端部的检修：检查绕组端部的垫块有无松动，如有松动应垫紧垫块；检查端部固定装置是否牢靠、线棒接头处绝缘是否完好、极间连接线绝缘是否良好。如有缺陷，应重新包扎并涂绝缘漆或拧紧压板螺母，重新焊接线棒接头。线圈损坏现场不能处理的应返厂处理	绕组端部的垫块无松动、端部固定装置牢靠、线棒接头处绝缘完好、极间连接线绝缘良好
定子绕组槽部的检修：线棒的出槽口有无损坏，槽口垫块有无松动，槽楔和线槽是否松动，如有凸起、磨损、松动，重新加垫条打紧；用小锤轻敲槽楔，松动的则更换槽楔；检查绕组中的测温元件是否损坏	线棒的出槽口无损坏，槽口垫块无松动，槽楔和线槽无松动，绕组中的测温元件完好
定子铁芯和机座的检修：检查定子铁芯齿部、轭部的固定铁芯是否松动，铁芯和漆膜颜色有无变化，测量铁芯穿心螺杆与铁芯的绝缘电阻。如固定铁芯产生红色粉末锈斑，说明已有松动，须清除锈斑，清扫干净，重新涂绝缘漆。检查机座各部分有无裂缝、开焊、变形，螺栓有无松动，各接合面是否接合完好，如有缺陷应修复或更换	定子铁芯齿部、轭部的固定铁芯无松动，铁芯和漆膜颜色无变化，铁芯穿心螺杆与铁芯的绝缘电阻在 $10\sim20M\Omega$ 以上，机座各部无裂缝、开焊、变形，螺栓无松动，各接合面接合完好
清理：用压缩空气吹扫灰尘，铲除锈斑，用专用清洗剂清除油垢	干净、无锈迹
干燥：先通以定子额定电流的 30%预烘 4h，然后以 5A/h 的速率将温度升至 75℃，每小时测温一次，保温 24h，测绝缘电阻，然后再以 5A/h 的速率将温度上升到（105±5）℃，保温至绝缘电阻在 30MΩ 以上，吸收比不小于 1.3 后，保持 6h 不变	干燥后绝缘电阻在 $30\sim50M\Omega$，吸收比不小于 1.3，保持 6h 不变
喷漆及烘干： （1）待定子温度冷却至（65±5）℃时测绝缘电阻合格后，用无水 0.25MPa 压缩空气吹除定子上的灰尘，然后用干净漆刷蘸 6431 环氧绝缘漆淋浇线圈端部或用喷枪在压力降低的情况下喷浇，漆的恩格勒黏度在 40～49（15～20℃）。 （2）静放 30min，滴干或揩除漆瘤。 （3）敞开升温到（90±5）℃，保温 8h。 （4）趁热喷 6431 环氧漆，黏度同浇漆。置于空气中晾干 2h 后，补漏喷处。 （5）喷漆后烘干，升温到（75±5）℃恒温 4h，再升到（90±5）℃保持漆膜固化 24～36h	表面光亮清洁，绝缘电阻符合要求

2.4.4.2 检修转子

1. 检查铁芯

项目和内容同定子铁芯。

2. 检查鼠笼导条

（1）铜条（或铝板条）及短路环应焊接良好，连接牢固，应无裂纹和开焊。

（2）对于铸铝型转子，端部突出部分起风扇作用，应齐全完好。

3. 检查转子绕组和滑环（或整流子）

（1）对转子绕组要求同定子绕组，尤其要注意绑线和固定环完好。

（2）用干燥、洁净的压缩空气吹净滑环表面及两侧，用清洗剂除净油污。

（3）检查滑环和连线，应接触良好、牢固。

（4）滑环表面应光滑，无烧伤，不平度不大于 0.5mm，偏心度不大于 0.1mm。

（5）风扇应干净、光洁、平直，无碰伤和变形。

（6）叶片应牢固，铆钉完好、紧固。可轻敲击听声音判断，必要时进行处理。

（7）平衡块应齐全，顶丝要牢固。在装平衡块后喷漆。

（8）转子所有螺钉应有防松措施，如弹簧垫圈、弯角板等。

（9）转子各轴径处，尤其装轴承处应光洁。有毛刺可用油石打平。

电机转子的检修工艺和质量标准应符合表 2.5 的规定。

表 2.5　　　　　　　　　　　　　电机转子的检修工艺和质量标准

检 修 工 艺	质 量 标 准
检修前测量转子励磁绕组的直流电阻及其对铁芯的绝缘电阻，必要时进行交流耐压试验，判断励磁绕组是否存在接地、匝间短路等故障	符合规范
检查转子槽楔、各处定位、紧固螺钉有无松动，锁定装置是否牢靠，通风孔是否完好，如有松动则应紧固	绕组端部的垫块无松动，端部固定装置牢靠，线棒接头处绝缘完好，极间连接线绝缘良好
检查风扇环，用小锤轻敲叶片是否松动、有无裂缝，如有应查明原因后紧固或焊接	无松动、无裂缝
检查滑环对轴的绝缘及转子引出线的绝缘材料有无损坏，如引出线绝缘损坏，则对绝缘重新进行包扎处理；检查引出线的槽楔有无松动，如松动应紧固引出线槽楔	引出线槽楔紧固，绝缘符合要求
清理：用压缩空气吹扫灰尘，铲除锈斑，用专用清洗剂清除油垢	干净、无锈迹
干燥：先通以 35% 额定电流预烘 4h，然后以 10A/h 的速率将温度升至 75℃并保温 16h，再以 10A/h 的速率将温度上升到（105±5）℃，保温至绝缘电阻在 5MΩ 以上，吸收比不小于 1.3 后，保持 6h 不变	干燥后，绝缘电阻在 5～10MΩ，吸收比不小于 1.3，保持 6h 不变
喷漆及烘干：方法同 6.2.1 节定子喷漆及烘干	表面光亮清洁，绝缘电阻符合要求

2.4.4.3　检修轴承

1. 清洗轴承

（1）用竹签等工具把轴承及轴承盖内的旧润滑脂排出。

（2）用毛刷和清洗剂初步擦洗轴承和油盖，注意不能边刷边转，更不能用棉纱清洗轴承，以防刷毛和线头进入轴承内。

（3）用净白布和清洗剂仔细清洗轴承到完全干净为止。

（4）若同时清洗可拆内套（或外套）的几个轴承时，要注意外套不能互换，以免影响接触情况和间隙。

2. 检查轴承

（1）轴承应清洗干净，无砂粒、干油、灰尘等杂物。

（2）检查轴承内外套、保持器，滚子应无变形、无裂纹、无凹坑、无缺口、无锈蚀等现象，否则应换新轴承。

（3）检查轴承颜色，应无变蓝、变黑现象。

（4）检查轴承和轴及端盖的配合要合适。

（5）检查轴承间隙。

1）轴承的清洗完毕后，用手转动应灵活，用手径向和轴向摇动可初步判断是否松动或间隙过大。

2）在轴承互成120°三点处压间隙（轴承间隙允许值见表 2.6），分别用铅丝压三次，用千分尺量数值，取平均值。

表 2.6　　　　　　　　　　　　　　　　轴承间隙允许值　　　　　　　　　　　　　单位：mm

轴径	20～50	55～80	85～130
轴承间隙	0.02～0.06	0.02～0.10	0.02～0.14

3. 轴承加油

（1）轴承和油盖清洗完毕后，用白布擦干清洗剂，加入合格润滑脂，不允许在同一轴承内加入不同类型的润滑脂。

（2）内、外油盖的加油量。2 极电机油盖内加至容积的 1/2，其他转速的电机可加至油盖容积的 2/3。

（3）轴承和轴承盖加油完毕，要立即用内外轴承盖夹好轴承，并上紧螺丝，最后再用干净的布连同轴承盖一齐包好以防灰尘进入。

4. 拆卸轴承

（1）一般电机轴承可用大小适当的拉马和夹件冷拉下来，拉轴承时要对好中心，夹具卡住轴承内套，严禁拉轴承外套和油盖时带出轴承。

（2）对于较紧的轴承，可先装好拉马，然后用 100℃ 左右的热油进行加热，浇热油时边转动边浇，热油要浇在内套上，待加热适当后用力迅速拉下轴承。

5. 安装轴承

（1）把轴径擦干净，并涂上一层薄润滑脂，若内油盖取下，一定要先装上内油盖。

（2）经检查合格的轴承，对于小型或较松的轴承，可用榔头和紫铜棒使内套受力装上，不得使外套保持器受力；需要加热安装的轴承用加热器或用专用加热油桶，桶内要放机油或透平油，轴承要放在铁丝网上或悬挂桶中，不得把轴承直接放于桶底。加热油温到 100℃，在 100℃ 左右保持 10min，然后拿出迅速装入轴上，轴承一定要装到紧顶轴肩。若加热的轴承装不到位，就迅速拿下再加热。等轴冷却后再装，必要时可用直径适当、端部圆滑的管子套在轴上，使轴承在热态下迅速打至轴肩。

（3）加热装上的轴承冷却后，清洗干净，方允许加注润滑脂。

2.4.4.4　检修启动装置

1. 检修控制器及机构

（1）用细锉或砂纸把烧毛接点打光，控制器损坏严重者应更换新品。

（2）各弹簧动作正常，不碰圈、不脱扣、不疲劳，悬挂紧固。

（3）各接点动作次序符合要求，接触良好。

（4）各部位连接鼻子接触良好，无过热现象。

（5）各部销子、螺钉紧固。

（6）消弧罩完好。

（7）把手和箱体完好，把手位置和实际机构位置相对应。

2．检修电阻器

（1）用压缩空气吹干净灰尘。

（2）检查各电阻片应无断裂、无过热和变色。

（3）各电阻间连接结合面用 0.05mm 塞尺塞不进去。

（4）各引线接头接触良好，无过热。

（5）各绝缘件应完好、干净。

（6）各紧固件应完好、牢固。

（7）测量直流电阻，应无明显改变。

3．检修刷架

刷架各部应完好，电刷及刷辫完好，弹簧弹性良好。

2.4.4.5　检修冷却器

冷却器的检修一般按下列步骤进行：

1．清洗

对于油冷却器只需擦干净铜管外表。

空气冷却器铜管的外表面上绕有螺旋铜丝圈，沾满了灰尘和油污，检修时需将它放在碱水中清洗。

先将空气冷却器放入 80℃ 左右的碱水中浸泡并晃动 10～15min，吊出后再放在热水槽中晃动 30min，然后吊出。用清水反复冲洗，直至在铜管外不出现白碱痕迹时为干净合格。这种方法的优点是清洗较干净；缺点是碱水会使冷却器上的橡胶盘根损坏。

2．水压试验

一般按工作压力的 1.5 倍水压做试验，在 30min 内不渗漏为合格。

3．铜管更换（胀管工艺）

经水压试验后，如发现个别管有轻微渗漏，可在管内壁涂环氧树脂或重新胀一下管头。对渗漏严重的应更换。先剖开胀口，将坏管取下，然后放入新管进行胀管工艺。胀管工艺过程如下：

（1）冷却器的铜管（紫铜管或黄铜管）下料长度应不大于管子外径的 2%，并注意检查切口平面与管子中心的垂直度。

（2）清除管口毛刺，擦光管子外圈。

（3）选择适合于管子通径的胀管器，并检查胀管器是否合格。

（4）对于黄铜管，为防止胀裂，可事先进行退火处理，或在锡锅里蘸一下；对于紫铜管可以冷胀，用符合铜管通径尺寸的胀管器。把铜管的管头牢靠地胀在冷却器的端板内孔上。黄铜管易生锈、腐蚀，引起漏水，应更换紫铜管。

空气冷却器的铜管，国产机组大部分难以将管子取出，往往将此管两头堵上，使它断开。但如果损坏铜管太多，应更换整个的空气冷却器。

4. 再次水压试验

胀管以后还要进行一次水压试验，以检查胀管质量，如果不合格可重新胀管。

2.4.4.6 电机的干燥

电机在运输过程或长期存放后，线圈和铁芯都可能吸收潮气，有时电机的冷态绝缘电阻高，但运转后绝缘电阻仍会下降，因此需要进行干燥才能投入运行。

当测量绝缘电阻和吸收比不合格，判断电机受潮时，应进行干燥。当接近工作温度时，电动机绕组的绝缘电阻应不低于：高压电机 $1M\Omega/kV$，低压电机 $0.5M\Omega/kV$。

电机干燥时的注意事项如下：

（1）加热干燥应在清洁的空气中进行，干燥前用压缩空气将电机的各部分吹干净。

（2）对于过分潮湿的线圈，应避免用电流通入线圈中直接干燥，以免绝缘击穿，如果要用铜损法时先用热风法干燥，经一定时间后（视具体情况）才可接入电源。

（3）加热时应多放一些温度计分布在电机各部分，以便掌握温度，可及时发现局部过热现象。应使用酒精温度计，若使用水银温度计切忌碰伤，防止水银流入铁芯或线圈内部造成损害。铁损法干燥时，不允许使用水银温度计。

（4）干燥时温度上升速度要缓慢。

（5）干燥开始后每隔 30min 测量一次绝缘电阻，当温度稳定后可间隔 $1\sim2h$，做好绝缘电阻的测量记录。

（6）电机在干燥初期，由于绕组发热，水分向外蒸发，绝缘电阻下降，以后再逐渐上升，上升速度逐渐变慢，最后达到稳定。在恒定的温度下，绝缘电阻值保持 3h 以上不变时，干燥工作即可结束。

（7）干燥后，当温度冷却到正常工作状态下的温度时，用 2500V 兆欧表测量高压电机（6kV）的绝缘电阻不低于 $6M\Omega$，用 500V 兆欧表测量低压电机的绝缘电阻不低于 $0.5M\Omega$。

1. 直流铜损干燥法

（1）在静子绕组中通入直流电，电源由直流电焊机提供，利用绕组铜损产生的热量进行干燥，通入的电流为额定电流的 $50\%\sim80\%$，用埋入式温度计测量，干燥时定子绕组温度不得高于 70℃，可以通过调节电流的大小控制温度。

（2）用此法干燥时，转子可以不抽出，为防止转子轴在热态下变形，要每 30min 转动转子 180°。

（3）对于绕组过度潮湿的电机，不能用此法干燥，直流电有电解作用。

（4）在测量绝缘电阻时，应将电源切断，否则影响读数。

（5）干燥时线圈的连接方法可根据绕组接法而定。应先选用串联接法，也可用星形接法。用星形接法时，应在一定时间内（$2\sim3h$）更换接线，使各部分线圈加热均匀。

2. 低压交流铜损干燥法

在定子绕组端加额定电压的 $8\%\sim10\%$（三相交流电压），使定子电流为额定电流的 $60\%\sim70\%$，转子卡住不转，由于定子产生旋转磁场，转子也能得到加热。此方法干燥速度慢，所需时间长。

3. 铁损加热法

（1）采用此方法时，将转子从静子中抽出，在定子上绕若干圈绝缘导线，加以单相工频交流电流。

（2）通入电流为

$$I=(SD\times10) \tag{2.3}$$

其中
$$S=LH$$

$$D=定子铁芯轭部平均直径-定子铁芯外径-h$$

$$L=（铁芯总长-通风槽数\times槽宽）\times9$$

式中　　S——定子铁芯的轭部净面积，mm^2；

　　　　H——定子铁芯轭部高度，mm。

L，H，D 可在干燥前计算。

（3）电源可以由交流弧焊机提供。

4. 通风干燥法

将干燥的空气（或经加热）通入电机，使电机自然干燥。

对中、小电机可采用烘箱干燥，当不满足条件时，也可采用灯泡加热或其他方法。

2.4.5　齿轮箱检修

通过现场检测，若发现齿轮箱电机侧有渗油现象，电机与齿轮箱联轴器的同轴度存在轻微偏差，应与齿轮箱生产厂家取得联系，将齿轮箱返厂检测维修。齿轮箱返厂检修主要包括如下内容。

1. 齿轮及齿面

箱体内齿轮、齿轴轻微偏载（图 2.4），可以继续使用，后期噪声可能会增大。

2. 轴及轴承

油封位磨损（图 2.5），加装耐磨衬套或修复。轴承有锈蚀、磨损现象（图 2.6），需更换。

图 2.4　齿轮及齿面　　　　　　　　图 2.5　油封位磨损

3. 油封及辅件

油封老化失效需更换（图 2.7）。

4. 维修内容

（1）更换所有轴承及油封，输入轴、输出轴油封位磨损严重，加装 SKF 耐磨衬套或激光熔覆修复。

（2）所有齿轮及轴进行除锈处理，齿轮处理后预计振动及噪声会轻微增大，但不影响正常使用。

图2.6 轴承锈蚀、磨损

图2.7 老化的油封

（3）清洁箱体，疏通润滑油路、冷却盘管，检测各润滑出油口出油状况。

（4）试机后喷漆，安装联轴器。

齿轮箱的检修工艺和质量标准应符合表2.7的规定。

表 2.7　　　　　　　　　　　　齿轮箱的检修工艺和质量标准

检 修 工 艺	质 量 标 准
检查联轴器、键及键槽是否完好，损坏则更换	完好
检查两端轴承和密封是否完好，损坏则更换	完好
如齿面存在偏磨情况应检查齿轮啮合情况，通过检查和调整两端轴承确保齿轮啮合完好	齿轮应完全啮合
如齿面存在拉毛现象，应采用研磨膏研磨；检查齿轮润滑油情况	润滑油标号正确，润滑油路通畅
如存在局部断齿，应采用堆焊重新加工恢复，否则应更换新齿轮	齿轮完好，齿根无裂纹
清洗水冷却器，去除油污，仔细擦抹干净，用试压泵进行水压试验，检查应无渗漏。如铜管有砂孔或裂缝，应用铜、银焊补或更换铜管	畅通、无渗漏
检查测温装置所显示温度与实际温度应相符，有温度偏差则应查明原因，校正误差或更换测温元件	所测温度应与实际温度相符，偏差不宜大于3℃

2.5　泵体部件检修

2.5.1　泵体部件拆卸流程图

泵体部件拆卸流程如图2.8所示。

2.5.2 导水锥拆卸

（1）通过人孔进入泵中，拆除导水锥周围连接螺栓，吊出导水锥。

（2）吊出导水锥，防止拆卸过程中掉落。图 2.9 为导水锥拆卸；图 2.10 为导水锥，图 2.11 为拆下导水锥后的水导轴承。

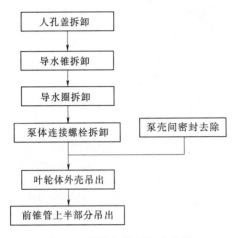

图 2.8　泵体部件拆卸流程图

图 2.9　导水锥拆卸

图 2.10　导水锥

图 2.11　拆下导水锥后的水导轴承

2.5.3 泵壳拆卸

泵壳的主要作用是承受作业时产生的工作压力以及液体负荷。

秦淮新河泵站水泵的叶片数为 4 片。进入导叶的水流经导叶后转为轴向出流，从导叶流出的水流经过一段直锥管进入出水弯管，出水弯管的转弯角度为 60°。

（1）拆泵壳连接螺栓时，由于螺纹表面容易沉积油垢、腐蚀物及其他沉积物，使螺栓不易拆卸，因此连接螺栓的拆卸必须选择合适的工具。对于已经锈蚀的或油垢比较多的螺栓，常常用溶剂（如松锈剂）喷涂螺栓与螺母的连接处，让溶剂渗入螺纹中，从而容易拆卸。加热螺栓也有利于螺栓拆卸，加热温度一般控制在 200℃ 以下，通过加热使螺母与螺栓之间的间隙加大，锈蚀物也容易掉下来。若上述办法都不可行时，只有破坏螺栓，把螺栓切掉或钻掉，在装配时，更换新的螺栓。新的螺栓必须与原使用的螺栓规格一致，新更换的用于高转速设备联轴器的螺栓必须称重，保证新螺栓与旧的螺栓重量一样，拆卸下来的螺栓要进行清洁处理。图 2.12 为螺栓表面油漆去除。

（2）温度传感器的数据电缆拆除如图 2.13 所示。

图 2.12　螺栓表面油漆去除

图 2.13　温度传感器数据电缆拆除

（3）拆除泵壳上的全部连接螺栓（图 2.14）。

（4）将行车吊钩调整到叶轮体外壳中心正上方，将钢丝绳穿于吊物孔中，另一边挂在行车吊钩上。图 2.15 为叶轮体外壳吊绳安装。

图 2.14　泵壳螺栓拆除

图 2.15　叶轮体外壳吊绳安装

（5）固定好之后，检查起重系统各项安全可靠之后，行车开始工作。

（6）起吊过程中应时刻保持垂直、缓慢起吊，壳体不应晃动，避免壳体与周围物体发生撞击。起吊高度超出机组一定程度后，运行行车，使泵壳水平移动。待位移到检修场地上方时，调整好方位后缓慢下落到预先放置好的木板上，确认没有异常再将钢丝绳和吊耳拆除。

（7）在前锥管上半部分两侧安装千斤顶，同时转动千斤顶使前锥管上半部分发生横向位移。图 2.16 为千斤顶顶出前锥管上半部分。

（8）将行车吊钩调整到前锥管上半部分中心正上方，将钢丝绳穿于两边吊孔中，另一边挂在行车吊钩上，吊运的流程基本上和叶轮体外壳一致。图 2.17 为前锥管上半部分吊运。

图 2.16　千斤顶顶出前锥管上半部分

图 2.17　前锥管上半部分吊运

调整好方位后缓慢下落到预先放置好的木板上，确认没有异常再将钢丝绳和吊耳拆除。图 2.18 为两段壳体。

拆除前、后导水圈与水导轴承连接处的螺丝，吊出水导轴承。图 2.19 为前、后导水圈。

图 2.18　两段壳体

图 2.19　前、后导水圈

2.5.4　叶轮室检修

水泵的泵壳受到机械应力影响后可能会出现损坏，进而出现裂纹，影响水泵的正常运行。在日常检修时，可以用锤子对水泵泵壳进行敲击，如果声音清脆，证明泵壳不存在损伤，如果声音沙哑，证明泵壳存在裂缝，需要做进一步检查。在确定裂缝位置与程度后，需要在裂缝始端、终端各钻出一个直径为 3mm 的圆孔，对承受压力点位置的裂纹进行修补，确保泵壳的质量。

钢制的叶轮外壳受到磨损或空蚀破坏后，用补焊的方法修复并不困难。补焊后应进行打磨，使补焊区域同未磨损区域连成整体的光滑表面。为了保证转轮叶片在运行过程中调节自如，又不使泄漏损失增大，打磨应按样板进行。

叶轮外壳损失严重时，可装设不锈钢板护面，由小块不锈钢板拼焊成一带状的护面，对于空蚀和抗泥沙磨损均有一定作用。

铸铁制的外壳遭到严重磨损后，用钢制的叶轮外壳更换是合理的；采用过流面为不锈钢，其背面为碳钢的"复合钢板"更为理想。这将给以后的检修工作带来不少便利。

叶轮室检修需要检查叶轮室空蚀情况：①用软尺测量空蚀破坏位置；②用稍厚白纸拓

图测量空蚀破坏面积；③用探针或深度尺等测量空蚀破坏深度。对叶轮室空蚀进行修补：用抗空蚀材料修补，靠磨砂打磨，使叶轮室表面光滑。

水泵叶轮室的检修工艺和质量标准应符合表2.8的规定。

表 2.8　　　　　　　　　　叶轮室的检修工艺和质量标准

检 修 工 艺	质 量 标 准
检查叶轮室空蚀情况：用软尺测量空蚀破坏位置；用稍厚白纸拓图测量空蚀破坏面积；用探针或深度尺等测量空蚀破坏深度；检查不锈钢衬套有无脱壳、裂缝等现象	叶轮室空蚀情况符合设计要求
叶轮室空蚀修补：用抗空蚀材料修补，砂磨打磨	表面光滑，靠模检查基本符合原设计要求
检查叶轮室组合面有无损伤，更换密封垫。测量叶轮室内径，检查组合后的叶轮室内径圆度	叶轮室内径圆度，按上、下止口位置测量，所测半径与平均半径之差不应超过叶片与叶轮室设计间隙值的±10%

全调节水泵叶轮体的检修工艺和质量标准应符合表2.9的规定。

表 2.9　　　　　　　全调节水泵叶轮体的检修工艺和质量标准

检 修 工 艺	质 量 标 准
检查叶轮体内的叶片调节操作机构损伤、锈蚀、磨损情况，严重的应修复	无损伤、锈蚀、磨损
检查各部密封有无变形、老化、损坏现象，有变形、老化、损坏的，应更换处理	无变形、老化、损坏
检查活塞环磨损情况，磨损严重的应更换	符合设计要求，试压应合格
检查叶片根部压环与弹簧是否良好，若有缺陷应更换	应完好
检查各部轴套磨损程度，磨损严重的应更换	符合设计要求
对叶轮轮毂进行严密性耐压和接力器动作试验。制造厂无规定时，可采用压力0.5MPa，并应保持16h，油温不低于5℃，在试验过程中操作叶片全行程动作2次，检查漏油量应符合要求	各组合缝无渗漏，每只叶片密封装置无漏油；叶片调节接力器应动作灵活

2.6 联轴器和调节机构检修

2.6.1 联轴器和调节机构拆卸流程图

联轴器和调节机构拆卸流程如图2.20所示。

2.6.2 联轴器拆卸

由于本身的故障而需要拆卸的联轴器，先要对联轴器整体做认真细致的检查（尤其对于已经有损伤的联轴器），查明故障原因。联轴器拆卸前，要对联轴器各零部件之间互相配合的位置标号，作为复装时的参考。连接螺栓经过称重，标记必须清楚，拆卸联轴器时一般先拆连接螺栓。对联轴器的全部零件进行清洗、

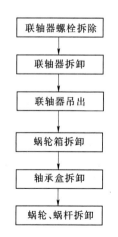

图 2.20　联轴器和调节机构拆卸流程图

清理及质量评定是联轴器拆卸后的一项极为重要的工作。零部件的评定是指每个零部件在运转后，其尺寸、形状和材料性质的现有状况与零部件设计确定的质量标准进行比较，判定哪些零部件能继续使用，哪些零部件应修复后使用，哪些属于应该报废更新的零部件。联轴器拆修流程如下：

（1）拆下联轴器与齿轮箱的连接螺栓，做好联轴器与泵轴法兰的对应位置记号，联轴器的精制螺栓也应做好编号和位置记号。

使用专用套筒扳手，一人扶住扳手一人用铁锤敲打扳手柄，螺栓松弛后，再用套筒扳手将螺帽拧出，将螺栓抽出。待所有螺栓拆除完毕，在螺栓上抹上黄油，防止锈蚀，并装箱存放。图 2.21 为联轴器的螺栓。

（2）将拆下的联轴器吊出电机井，调整好方位后缓慢下落到预先放置好的垫物上，防止联轴器滚动。图 2.22 为联轴器。图 2.23 为联轴器侧面。

图 2.21　联轴器的螺栓

图 2.22　联轴器

2.6.3　调节机构拆卸

（1）取出调节机构的定位销，拆除调节机构上所有的连接螺栓，标记后放置于检修区域。图 2.24 为调节机构螺栓拆除。

图 2.23　联轴器侧面

图 2.24　调节机构螺栓拆除

（2）取下蜗轮箱并吊出，放置在检修区域。图 2.25 为吊出蜗轮箱。

（3）拆除轴承盒与轴承垫的连接螺栓，取出蜗轮，并放置于检修区域。轴承垫镶嵌在泵联轴器之中，需要利用螺栓用顶丝的方法将其与泵联轴器分离。图 2.26 为调节机构内部结构，图 2.27 为蜗轮，图 2.28 为轴承垫。

图 2.25　吊出蜗轮箱

图 2.26　调节机构内部结构

图 2.27　蜗轮

图 2.28　轴承垫

2.6.4　联轴器检修

联轴器位移偏差的调整。当联轴器的位移偏差过大时，会加快联轴器轮齿和橡胶圈的损坏，因此必须进行调整。调整可分为两步进行：第一步是粗调，先用塞尺测量联轴器两端径向及轴向间隙，使之平齐，如图 2.29 所示；第二步是精调，将联轴器的组合螺栓穿上而不拧紧，如图 2.30（a）所示，装设千分表架，使联轴器顺次转至 0°、90°、180°、270°四个位置，在每个位置上测量联轴器的径向读数 a 和轴向读数 b，并按图 2.30（b）所示的记录格式进行记录。

上述测量数值应符合

$$a_1 + a_3 = a_2 + a_4 \tag{2.4}$$

$$b_1 + b_3 = b_2 + b_4 \tag{2.5}$$

这是判别测量误差的方法，等式两侧数值差大于 0.02mm 时，应重新测量。

两根轴的偏心（径向位移）计算式为

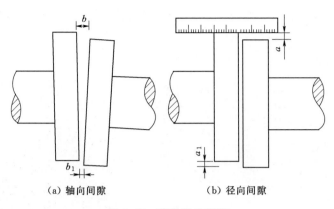

（a）轴向间隙　　　　（b）径向间隙

图 2.29　联轴器的粗调

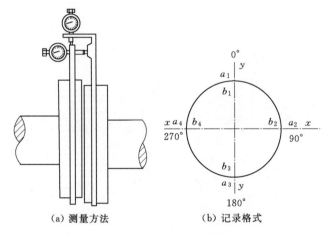

（a）测量方法　　　　（b）记录格式

图 2.30　用千分表测量两轴的偏心和倾斜

$$a_x = (a_2 - a_4)/2 \qquad (2.6)$$

$$a_y = (a_1 - a_3)/2 \qquad (2.7)$$

$$a = \sqrt{a_x^2 + a_y^2} \qquad (2.8)$$

式中　a——两轴端的最大径向位移值。

两根轴的最大倾斜值（轴向位移）计算式为

$$b_x = (b_1 - b_3)/d \qquad (2.9)$$

$$b_y = (b_2 - b_4)/d \qquad (2.10)$$

$$b = \sqrt{b_x^2 + b_y^2} \qquad (2.11)$$

式中　d——测点处的直径；

　　　b——两轴线的最大倾斜值，$b = \tan\alpha$，α 为轴线偏角。

2.6.5　调节机构检修

液压调节机构的检修工艺和质量标准应符合表 2.10 的规定。

表 2.10　　　　　　液压调节机构的检修工艺和质量标准

检 修 工 艺	质 量 标 准
检查上操作油管,如油管轴颈不光滑,应用细油石沾油轻磨上操作油管轴颈,消除伤痕、锈斑;检查受油器的配合情况,配合不良的用三角刮刀研刮受油器体铜套,并研磨、清理	上操作油管轴颈表面应光滑,粗糙度和铜套的配合符合设计要求,内外腔无窜油
检查配压阀,活塞应活动自如,否则应用三角刮刀研刮配压阀铜套	符合设计要求
安装结束后,对整个叶调系统进行整组试验	叶片调节自如,内外腔无窜油
电气部分检查	控制完好
传感装置的检修	装置完好,仪表显示正确

机械调节机构的检修工艺和质量标准应符合表 2.11 的规定。

表 2.11　　　　　　机械调节机构的检修工艺和质量标准

检 修 工 艺	质 量 标 准
轴承检查并换油,如轴承损坏,应更换轴承	完好
齿轮传动部分检查	齿轮啮合完好,传动自如
电气部分检查	控制完好
安装结束后,对整个叶调系统进行整组试验	叶片调节自如,系统无明显发热

2.7　叶轮水导轴承检修

2.7.1　叶轮水导轴承拆卸流程图

叶轮水导轴承拆卸流程如图 2.31 所示。

2.7.2　叶轮分离

轴流泵的叶片在轮毂上的固定方式分为固定式、半调节式和全调节式三种。

秦淮新河泵站采用的是机械半调节式叶轮,是通过一套机械式调节机构来改变叶片的安装角度。需在停机的情况下改变叶片的安装角度,保证水泵在高效率区运行,这种调节方式结构相对简单。拆卸流程如下:

(1) 清理水导轴承的表面,为拆除水导轴承顶盖与底座的连接螺栓做准备。图 2.32 为初步清理后的水导轴承。

(2) 拆除顶盖与底座的定位销与连接螺栓,取下顶盖。图 2.33 为拆除顶盖后的水导轴承。

(3) 将行车吊钩置于导叶体上方,进入叶轮底部,安装叶轮吊具,通过手拉葫芦与行车吊钩相连,用吊绳和吊耳将叶轮与吊钩连接。

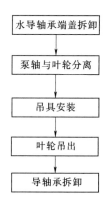

图 2.31　叶轮水导轴承拆卸流程图

图 2.32　初步清理后的水导轴承　　　　　　图 2.33　拆除顶盖后的水导轴承

（4）拆除叶轮与泵轴的连接螺栓，用吊绳、撬棍等工具将叶轮与泵轴分离。图 2.34 为拆除叶轮与泵轴的连接螺栓。

（5）将叶轮逐渐向泵轴反方向起吊以维持叶轮平衡，同时用撬棍撬出叶轮。

2.7.3　叶轮吊出

拆卸流程如下：

（1）将行车吊钩置于叶轮体上方，安装叶轮体专用吊具，用吊带和卸扣将叶轮体与手拉葫芦连接，通过手拉葫芦与行车吊钩相连。

（2）起吊叶轮体前应先进行三次试吊，重复起落三次，检查吊车吊钩制动装置，如无异常，则将叶轮体吊离地面一定高度，停留 10min，确认无误后方可正式起吊。图 2.35 为初吊叶轮体。

图 2.34　拆除叶轮与泵轴的连接螺栓　　　　　　图 2.35　初吊叶轮体

（3）起吊时注意保持平衡，吊运高度需超出机坑一定高度，但不宜过高，水平移动行车，待达到检修场地上空时，调整好方位后缓慢下落到指定检修区域。图 2.36 为叶轮体吊运。

2.7.4　水导轴承检修

将行车吊钩调整到水导轴承中心正上方，用吊带挂在行车吊钩上。固定好之后，行车开始工作，在水平方向缓缓移动，将水导轴承与叶轮分离，再用行车将水导轴承运送至检修区域。图 2.37 为水导轴承。

图 2.36　叶轮体吊运

图 2.37　水导轴承

水导轴承一般分为水润滑非金属轴承和油润滑金属轴承两类。秦淮新河泵站采用的是水润滑聚四氟乙烯塑料轴承。

水导轴承的主要检查项目如下：

（1）检查密封及轴领密封的磨损情况，确定是否需要更换。

（2）检查轴瓦是否有脱壳现象，有较大部分脱壳时，应重新挂瓦或更换新瓦。

（3）检查支柱螺钉端部与瓦背垫块的接触情况。

（4）检查泵轴轴领上与水导瓦接触的部位，若发现有毛刺、磨损等，用细油石沿旋转方向进行研磨。伤痕面积较大时，用专业工具加研磨膏进行研磨。

图 2.38　水导轴承检修

水导轴承检修如图 2.38 所示。水导轴承检修的检修工艺和质量标准应符合表 2.12 的规定。

表 2.12　　　　　　　　　　水导轴承检修的检修工艺和质量标准

检 修 工 艺	质 量 标 准
用内径千分尺测量轴承内径，检查瓦面有无裂纹、起泡及脱壳等缺陷，如瓦面有缺陷，则更换；如轴瓦间隙过大，固定瓦更换，可调瓦调整内径。根据轴颈直径和配合间隙要求，车床加工轴瓦内径	间隙符合规范和设计要求

水导轴颈的检修工艺和质量标准应符合表 2.13 的规定。

表 2.13　　　　　　　　　　水导轴颈的检修工艺和质量标准

检 修 工 艺	质 量 标 准
检查水泵轴颈表面应无轻微伤痕、锈斑等缺陷，如有应用细油石沾透平油轻磨，消除伤痕、锈斑后，再用透平油与研磨膏混合研磨抛光轴颈	表面应光滑，粗糙度符合设计要求
水泵轴颈表面有严重锈蚀或单边磨损超过 0.10mm 时，应加工抛光；单边磨损超过 0.20mm 或原镶套已松动、轴颈表面剥落时，应采用不锈钢材料喷镀修复或更换不锈钢套	符合设计要求

除了秦淮新河泵站这种型式的水导轴承，还有以下形式的水导轴承。

1. 水润滑非金属轴承

（1）橡胶轴承一般用于立式泵的水导轴承，在用于卧式水泵时，由于需承载转子部件的重量和一定的径向荷载，故不仅加剧了橡胶轴承下部的严重偏磨，而且其耐磨性能也远不能满足运行要求，还会因承载而使橡胶轴承部分变形，使水泵运行时产生附加振动，影响水泵的稳定运行。

（2）P23 轴承是一种酚醛塑料轴承，此类材料脆性比较大、易碎，并且其碎屑较硬，一旦有碎屑脱落，会加速磨损并拉毛与之相配的大轴轴承档。

（3）F102 轴承与 P23 轴承相比承载力高，韧性好，能耐冲击荷载，抗压强度高，不会发生碎屑加速磨损的现象，耐磨性好。但它与 P23 轴承一样，在应用时对轴承材料、成型工艺及泵轴的表面处理有严格的要求。

（4）赛龙轴承的自恢复性和弹性极好，故能耐冲击，且易加工、耐污水、耐磨损，但赛龙轴承多用于立式轴流泵，在卧式轴流泵的水导轴承应用方面有其局限性。

2. 油润滑金属轴承

（1）卧式泵金属滑动水导轴承一般采用巴氏合金材料，有脂润滑和稀油润滑两种润滑方式。金属滑动轴承适用于低速、重载比压较大的运行工况。脂润滑金属滑动轴承维护管理要求高，不便于实现自动控制，也不便于管理。稀油润滑轴承要求泵机组设置稀油润滑站或重力油箱，增加了泵组的配置部件。金属滑动轴承存在油滴漏后污染水质环境的可能性，要求有极为可靠的密封，但具有自调性功能，可以消除轴系对中不好等缺陷，故其运行可靠性较高，特别适用于连续运行并且年运行时间较长（超过5000h）的泵站。

（2）滚动轴承承载力有限，可靠性高，使用寿命长，一般用稀油润滑，但因其改变泵过流部分的断面面积，故要进行大量的前期水力研究。此外，根据目前的轴承技术滚动轴承还不能做成分半结构，也给维修带来不便。

卧式油润滑筒形水导轴承的检修工艺和质量标准应符合表 2.14 的规定。

表 2.14 卧式油润滑筒形水导轴承的检修工艺和质量标准

检 修 工 艺	质 量 标 准
检查轴瓦的磨损程度，如磨损过度，间隙数值超过规范要求，可采取喷镀轴颈或返厂重新浇铸轴瓦，再经过研刮，达到设计要求	轴瓦总间隙为轴颈直径的 1/1000 左右。 轴瓦研刮要求：下部轴瓦与轴颈接触角为 60°，沿轴瓦长度全部均匀接触，每平方厘米应有 1～3 个接触点

2.7.5 叶轮检修

水泵的叶轮一般进行除锈和刷漆的养护，但由于受泥沙、水流的冲刷、磨损，形成沟槽或条痕，会因空蚀破坏，叶片出现蜂窝状的孔洞。如果叶轮表面裂纹严重，有较多的砂眼或孔洞，因冲刷而使叶轮壁变薄，影响到叶轮的机械强度和叶轮性能，或者叶片被固体杂物击毁或叶轮入口处有严重的偏磨时，应更换新叶轮。如果对水泵的性能和强度影响不大，可以用焊补的方法进行修理。补焊后要用手砂轮打平，并做平衡试验。在更换轴流泵的叶片时，应全套一起更换，在更换前应对每个叶片进行称重，以免出现不平衡现象。图2.39为叶轮刷漆。

叶片的检修工艺和质量标准应符合表2.15的规定。

叶轮体静平衡试验的检修工艺和质量标准应符合表2.16的规定。

图 2.39 叶轮刷漆

表 2.15 叶片的检修工艺和质量标准

检 修 工 艺	质 量 标 准
检查叶片空蚀情况：用软尺测量空蚀破坏相对位置；用稍厚白纸拓图测量空蚀破坏面积；用探针或深度尺等测量空蚀破坏深度；用胶泥涂抹法称重，用比例换算法测量失重	符合要求
叶片空蚀的修补：用抗空蚀材料修补，砂磨打磨	表面光滑，叶型线与原叶型一致
叶片称重	叶片称重，同一个叶轮的单个叶片重量偏差允许为该叶轮叶片平均重量的±3%（叶轮直径小于1m）或±5%（叶轮直径不小于1m）

表 2.16 叶轮体静平衡试验的检修工艺和质量标准

检 修 工 艺	质 量 标 准
根据叶轮磨损程度，叶轮体做卧式静平衡试验： （1）将叶轮和平衡轴组装后吊放于平衡轨道上，并使平衡轴线与平衡轨道垂直。 （2）轻轻推动叶轮，使叶轮沿平衡轨道滚动；待叶轮静止下来后，在叶轮上方划一条通过轴心的垂直线。 （3）在这条垂直线上的适当点加上平衡配重块，并换算成铁块重量或灌铅重量。 （4）继续滚动叶轮，调整配重块大小或距离（此距离应考虑便于加焊配重块），直到叶轮在平衡位置	（1）平衡轨道长度宜为1.25～1.50m。 （2）平衡轴与平衡轨道均应进行淬火处理，淬火后表面应进行磨光处理。 （3）平衡轨道水平偏差应小于0.03mm/m，两平衡轨道的不平行度应小于1mm/m。 （4）允许残余不平衡重量应符合设计要求

2.8 泵轴及其上部件检修

2.8.1 泵轴及其上部件拆卸流程图

泵轴及其上部件拆卸流程如图2.40所示。

2.8.2 填料盒拆卸

泵轴与过轴孔之间存有较大的间隙，为了防止高压水通过此间隙向外大量流出和空气进入泵内，必须设置轴封装置，填料盒由底

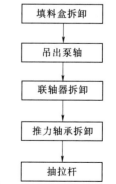

图 2.40 泵轴及泵轴上部件拆卸流程图

衬环、填料、填料压盖等组成。填料密封方式结构简单，工作可靠，但填料使用寿命不长。填料盒的拆卸流程如下：

（1）拆积水圈，拆下填料压盖与填料盒之间的双头螺栓以及填料压盖上、下部分的连接螺栓，取上、下两瓣填料压盖。图 2.41 为压盖螺栓拆除。

（2）图 2.42 为清除掉原有填料盒中的填料。

（3）用撬棍撬出填料盒，并标注原填料盒安装方位。图 2.43 为填料盒拆卸。

图 2.41　压盖螺栓拆除

图 2.42　填料清除

2.8.3　泵轴吊出

泵轴为动力传递部件，确保叶轮能够正常运转。泵轴一端利用联轴器与电动机轴连接，另一端用以固定和支撑叶轮做旋转运动，轴上设置有推力轴承、轴向密封等部件。

（1）水平方向上，在联轴器上安装手拉葫芦，用来拉出泵轴；竖直方向上安装连接行车的吊带，用来支撑泵轴。不断拉动水平方向上的手拉葫芦将泵轴拉出。图 2.44 为抽泵轴。

图 2.43　填料盒拆卸

图 2.44　抽泵轴

（2）由于泵轴在抽出过程中重心会偏移，需要不断将竖直方向上的吊带向后移动以保持泵轴的平衡。图 2.45 为移动吊带维持平衡。

（3）待泵轴全部抽出后，拆除水平方向的手拉葫芦，调整行车吊钩位于泵轴中心正上方，重新放置吊带，并用吊绳连接至行车吊钩上，保持泵轴在吊运过程中的平衡。图 2.46 为泵轴抽出。

（4）检查各项吊运措施安全可靠后，行车开始工作。吊运初期应点动，并不断调整吊点中心，直至起吊中心准确，再慢速起吊。保持泵轴缓慢上升，注意保持过程中泵轴的平衡，

图 2.45　移动吊带维持平衡

图 2.46　泵轴抽出

避免与机坑和周围物体发生碰撞。图 2.47 为吊出泵轴。

（5）当泵轴略高于地面高度时，水平移动行车，调整好方位后缓慢下落到指定检修区域。

（6）利用推力轴承底座和枕木放置泵轴，待泵轴平稳后，拆除吊运装置。图 2.48 为放置泵轴。

图 2.47　吊出泵轴

图 2.48　放置泵轴

2.8.4　泵轴上联轴器拆卸

（1）拆卸推力轴承前盖和密封圈。图 2.49 为 J 型密封圈拆除。图 2.50 为轴承端盖拆卸。

（2）利用行车、专业支架、液压千斤顶等工具，在拆联轴器时按图 2.51 所示进行布置，利用铁丝将两侧的支架进行固定。为了方便拆卸联轴器，可以利用热胀冷缩原理加热泵联轴器。图 2.52 为铁丝固定支架。

（3）开启液压千斤顶，缓缓将联轴器顶出。同时不断将垫木向后移动，维持泵轴的平衡。图 2.53 为移动枕木。

（4）将厂房行车吊钩调整联轴器中心正上方，用钢丝绳挂在行车吊钩上。起吊移动至检修场地上方时，调整好方位后缓慢下落到预先放置好的木板上。

图 2.49　J 型密封圈拆除

图 2.50　轴承端盖拆卸

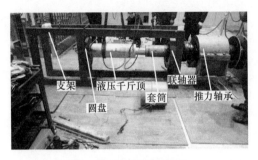

支架　液压千斤顶　联轴器
圆盘　套筒　推力轴承

图 2.51　泵联轴器拆卸

图 2.52　铁丝固定支架

2.8.5　泵轴上推力轴承的拆卸

推力轴承主要用来承受水流作用在叶片上的轴向压力以及水泵、电动机转动部件的重量，维持转动部件的轴向位置。

（1）转动泵轴，使键槽正面朝上，利用顶丝的方法取出键。顶丝就是利用螺丝的紧固原理，多数用在轴和套之间，防止轴和套在使用过程中发生位置变化或相对运动；还有些场合用顶丝来拆卸比较方便，例如两个零件配合紧密，可依靠顶丝来分离。图 2.54 为键的拆卸。

图 2.53　移动枕木

图 2.54　键的拆卸

（2）拆除推力轴承与底座的连接螺栓，用行车拆下推力轴承上盖，用专业的钩形扳手拆下推力轴承的两个圆螺母。图 2.55 为圆螺母拆除。

（3）在拆下圆螺母后，重新安装推力轴承上盖，在拆推力轴承时，按图 2.56 所示进行布置，启动液压千斤顶，缓缓将推力轴承顶出泵轴。图 2.56 为推力轴承拆卸。

图 2.55　圆螺母拆除

图 2.56　推力轴承拆卸

（4）在厂房行车吊钩上挂钢丝绳，用吊钩将钢丝绳另一端拴在推力轴承两边的吊环上，慢慢垂直起吊，直至钢丝绳拉直后，使推力轴承保持平衡，缓缓向上吊出，放置于指定位置。图 2.57 为推力轴承吊运。

（5）去除泵轴上的所有部件，维修泵轴。

卧式机组推力轴承的检修工艺和质量标准应符合表 2.17 的规定。

2.8.6　泵轴检修

1. 轴套修理

填料装置的轴套（无轴套则为泵轴）磨损较大或出现裂痕时应更换新套。若无轴套，可将轴领加工镶套。

图 2.57　推力轴承吊运

表 2.17　　　　　　　　　卧式机组推力轴承的检修工艺和质量标准

检　修　工　艺	质　量　标　准
检查轴承滚动面，应无损伤或裂纹等现象，如有损伤或裂纹，轴承应更换	轴承滚动面完好
检查轴承表面，应无热变色或电蚀损伤，如有轴承应更换。轴承表面锈蚀，用钢丝轮或细砂布除去	轴承应无损伤，轴承游隙及旋转精度满足设计要求

2. 填料的修理

填料用久会失去弹性以及密封性，因此检查时必须更新。填料断面为方形，由聚四氟乙烯纤维编织而成，安装之前应预先切割好。每圈两端用对接口或斜接口；填料与泵轴之间应有很好的配合，并留有一定的间隙，与轴的配合间隙应符合图纸要求。安装前在机油内浸透逐圈装入，接口再错开。填料压盖、填料盒磨损过大或出现沟痕时，均应更换新件。

3. 检查泵轴在轴承处的磨损情况

检查轴套的磨损程度,一般在大修时要更换。泵站磨损修复的常用方法如下:

(1)堆焊修复。对于泵轴的堆焊修复,通常使用冷堆焊形式。在堆焊前,先将要堆焊部位进行打磨,除掉表面缺陷及其周围一定范围内的油锈,然后进行冷堆焊修复。这种冷堆焊修复不会造成轴径的变形,不需要进行退火处理,其修复后轴径的耐磨性、耐热性、耐蚀性都会超过原轴径的性能。为保证补焊强度和堆焊层的均匀,在施焊时,垂直转动或水平转动焊接位置。堆焊时,前后堆焊层至少重叠 1/3。

(2)镀铬修复。先用钢丝刷或砂布打磨需要镀铬修复的部位,清除表面疏松的氧化物,露出基体金属,然后进行尺寸测量并清洗。对泵轴进行局部绝缘处理后镀铬,然后通过车或磨的方式恢复其轴颈的原尺寸、精度。镀铬层厚度一般应不小于 0.3mm。

(3)热喷涂修复。热喷涂修复主要由表面预处理、预热、喷涂、喷涂后处理四个步骤组成。

1)为保证喷涂层的质量,对于出现表面损伤的轴颈首先要进行表面预处理。表面预处理的步骤通常依次为有机溶剂清洗、加热脱脂、车螺纹、滚花、电拉毛。有时,为了提高涂层与轴颈表面的结合强度,需先在轴颈表面喷涂镍基材料作为劲结底层。

2)喷涂首先根据泵轴材质、转速、自重等因素选用喷涂材料。在喷涂时,主要考虑的因素有泵轴旋转速度、喷枪移动速度、涂料喷射距离以及喷涂使用气体压力。

3)喷涂后的轴颈要做渗油处理,使润滑油能较多地渗入喷涂层,然后将泵轴在车床上进行车削加工,恢复轴颈的尺寸和精度要求。

4. 泵轴弯曲的校直

由于荷载的冲击,皮带拉得过紧或安装不正确,都会使泵轴弯曲变形;安装运输及堆放不当,更易弯曲变形。泵轴弯曲后,机组运行时的振动加剧,将使轴颈处磨损加大,甚至造成叶轮和泵壳的摩擦,影响机组的正常运行。

检查泵轴的弯曲情况,可以在平台或车床上用百分表测量,要求弯曲量小于 0.05mm/m,否则应予校直。

泵轴弯曲修复的主要处理方法有冷校直法和热校直法两种。当泵轴出现弯曲变形后,先要测定弯曲的量值,后根据泵轴材料、直径、长度和弯曲量等因素,确定泵轴修复的具体方法。

(1)冷校直法。泵轴的冷校直常用的有螺旋千斤顶校直、压力机校直、捻棒敲打校直。通常应用于泵轴较短、弯曲量不大的场合。在固定时,轴径或受力位置要用一定厚度的棉纱或垫铜皮做防护,保证接触面不受损伤。

1)螺旋千斤顶校直。当泵轴的直径 $d \leqslant 55mm$ 时,可以采用螺旋千斤顶校直。校直时,第一次顶压目测平直后,保持 15min 左右;第二次顶压泵轴轴线向原弯曲的反方向略有弯曲,保持 20min 后,解除压力。如果目测泵轴轴线已达平直,再进行直线度检测。这种方法的精度可达到 $0.05 \sim 0.15mm/m$。

2)压力机校直。当泵轴的直径 $d > 55mm$ 时,可用压力机校直。在校直过程中,将泵轴凸面向上并两端固定,以免滑脱出去。在固定时,轴径固定两端和压力机压点位置要用一定厚度的棉纱隔开。然后用压力机压住凸起顶点，向下顶压，直到泵轴校直为止。

3）捻棒敲打校直。当泵轴的直径较大，可以捻棒敲打校直的方法处理。在对泵轴捻打时，需将泵轴凹面向上，两端用拉紧装置向下加压，然后利用 $1\sim2kg$ 重的捻棒敲打泵轴。

（2）热校直法。泵轴的热校直常用的有局部加热校直、内应力松弛法校直、机械加热校直。通常应用于泵轴较长、弯曲量大的场合。

1）局部加热校直。对于直径较大的泵轴，多采用局部加热校直。校直时，先将泵轴放在两支承架上，凸面向上，并在泵轴的最大弯曲处用湿石棉布包扎（湿石棉布沿泵轴的方向开有长方形缺口），然后用喷灯或气焊急热。加热的温度要比泵轴的临界温度低 $100℃$ 左右。

2）内应力松弛法校直。对于大直径的泵轴，多采用内应力松弛法校直。校直时，先将泵轴放在两支承架上，凸面向上，利用感应线圈加热泵轴弯曲位置，并凸面向下施加一定载荷，当目测泵轴轴线已平直时，卸除载荷。对于校直后的泵轴也应进行退火处理。

3）机械加热校直。对于直径较小的泵轴，多采用机械加热校直。校直时，先将泵轴固定在两支承架上，凸面向上，然后用外加载荷使弯曲轴向下压，然后再在凹面位置加热，实现泵轴的校直。

泵轴弯曲的检修工艺和质量标准应符合表 2.18 的规定。

表 2.18　　　　　　　　　泵轴弯曲的检修工艺和质量标准

检　修　工　艺	质　量　标　准
架设百分表，盘车测量轴线，检查弯曲方位及弯曲程度。如弯曲超标，可采用热胀冷缩原理进行处理，要求严格掌握火焰温度，加热的位置、形状、面积大小及冷却速度，并不断测量；严重时应送厂方维修	符合原设计要求

5. 泵轴螺纹的修理

泵轴端部螺纹有损伤的可用什锦锉刀把损伤螺纹修一下，继续使用。如果损坏较重，必须将原有螺纹车去，再重车一个标准螺纹；或先把泵轴端车小，再压上一个衬套，在衬套上车削与原来相同的螺纹；也可用电焊、气焊在泵轴端螺纹堆焊一层金属，再车削与原来相同的螺纹。

6. 键槽修理

键槽在泵轴上主要起到扭矩的传递作用。泵轴的主要失效形式是压馈。如果泵轴上的键槽压馈不严重，用锉刀打磨修光即可。当泵轴上的键槽压馈较重，并且传动功率不大时，可在键槽位置进行补焊，再另开新槽。对于传动功率较大的泵轴出现较严重的键槽压馈时必须更换新轴。

7. 轴颈拉沟及磨损后的修理

水泵轴的轴承段在较长时间运行后，要发生磨损，特别是水润滑的橡胶导轴承其不锈钢段磨损严重。除了被磨成扁圆外，还会出现许多深沟。为了恢复大轴的圆度，应在大修时对轴颈进行检查与处理。严重的泵轴轴颈机械损坏和泵轴轴颈不锈钢套的脱焊等，应当运回制造厂进行修复。

（1）泵轴偏磨的镗削处理。轴颈磨损的主要表现是单边磨损，在单边磨损不太严重时，可调整导轴承。轴颈严重失圆时，导轴承再无法调整，即使能够调整，也难于安装时，必须对轴颈进行磨削以保证轴颈为整圆。

调整纵向进刀架与泵轴轴颈的平行度，电动机通过皮带轮带动刀架绕泵轴旋转，刀架上的电动砂轮绕泵轴做圆周运动并磨削泵轴轴颈，使轴颈达到整圆。

（2）不锈钢衬的磨损处理。若发现不锈钢衬有横向深沟，可用堆 227 焊条补焊，然后磨光或者喷镀不锈钢。若只有几道小沟可不必处理。如果现场解决不了，可将泵轴拆下运到制造厂车削。

（3）金属喷镀修复泵轴轴颈。水力机械检修常用的金属喷镀修复工艺，对于轴颈偏磨和磨损及其他部件的修复都是极有效的办法。金属喷镀是利用喷镀枪将金属丝熔化，然后借压缩空气的气流将熔化了的金属吹成极细小的雾状金属颗粒，喷在经过处理的粗糙工件表面上，堆积和舒展成金属镀层，冷却后，所喷镀的金属即可牢固地附在工件表面，形成一层固结的金属层。金属喷镀的主要工具是金属喷镀枪。一种是乙炔焰的自动调节式金属喷枪，它以气流推动叶轮为动力，输送单股钢丝，以乙炔焰来熔化金属丝；另一种是固定电弧金属喷镀枪，它以电动枪为动力，输送接在不同电极的两根金属丝，在喷枪电弧内接触产生电弧，将金属丝熔化。两者均用压缩空气将熔化后的金属喷镀在工件表面。两者相比，固定电弧金属喷镀枪在调节控制方面更加方便，易于掌握。

喷镀质量的好坏取决于镀层和工件表面结合的牢固程度，它又在很大程度上取决于工件表面处理。在工厂和有条件的泵站，一般先将泵轴卡在车床上，将磨损处车圆（即车毛螺纹方法），露出金属表面。然后用一台电压为 6～8V、电流为 200～400A 的单相变压器，一相接在工件上，另一相接在电焊把上，使镍条断续接触磨损且已车削的泵轴表面，此时有微小火花产生。金属屑就会轻微地熔于将被喷镀的泵轴轴颈表面，形成一层粗糙凸起的小点，直至使喷镀的整个圆表面用肉眼看不到原有的金属表面为合格，如图 2.58 所示。

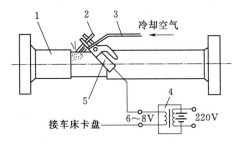

图 2.58　泵轴喷镀前表面处理示意图
1—主轴（工件）；2—镍条；3—铜管；
4—单相变压器；5—电焊把

拉毛时若火花较大，应适当减小电流；如麻点小、圆滑，应适当加大电流。为防止镍条过热，可在电焊把处绑一根小钢管，通以 0.1～0.2MPa 压缩空气冷却镍条，减少焦灼物。拉毛后再用钢丝刷刷去结合不牢固的凸起及黑色焦灼物。拉毛工作以连续成片的方式进行，一面拉毛后再转一面继续拉毛，直至整个圆表面拉毛为止。从车圆刀到拉毛时间要尽量短，一般不宜超过半小时，以免金属表面被氧化而影响质量。

拉毛后的轴颈应立即进行喷镀，喷镀主要参数如表 2.19 所示。

固定式电镀枪包括喷镀枪本体及控制箱、电源电缆附件，其余自备。在喷镀时采用 300A 直流弧焊机，容量为 0.9m³/min；压力为 0.7MPa 的空气机两台。泵轴轴领喷镀枪布置如图 2.59 所示。

表 2.19 喷 镀 主 要 参 数

项目	金属丝直径 /min	压缩空气压力 /MPa	电弧电压 /V	电流 /A	火花角度 /(°)
数值	1.6～1.8	0.4～0.0	30～50	100～170	<10

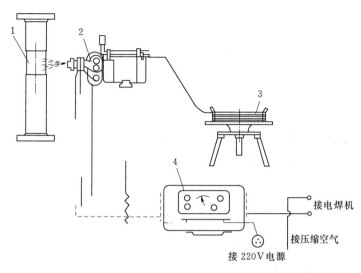

图 2.59 泵轴轴领喷镀枪布置图
1—主轴轴径；2—喷镀枪；3—盘丝架；4—控制箱

喷镀时电压为 30V，电流为 135～150A，用 Φ1.6～1.8mm 不锈钢丝（最好选用 420SuSn 不锈钢）。泵轴旋转与车刀架将喷镀枪左右来回缓慢移动。镀层渐渐加厚，直径比加工尺寸高出 1.5～2.0mm 为止。镀层厚度一般不得小于 0.7mm，喷镀时不宜在一地停留太久，以免温度过高，导致整圆崩裂。被喷工件温度一般不超过 80℃，温度超过时应停机。喷枪与工件距离应以 150～200mm 为宜。近则喷点细密，温度高；远则喷点较稀，附着强度也差。喷镀开始时，应将喷镀枪调至 15°，对两端边角处先喷镀成一定厚度的圆角，使该处先镀一层涂料，然后再左右移动，喷镀枪头应与工件中心线垂直偏差不大于 10°，喷镀时产生的粗颗粒要用工具去除。

在拉毛、车圆过程中，不得用手触摸工件表面，所用金属丝应去锈蚀和油污。金属丝不应过细，防止两极不能准确地交叉在指定焦点上，而且还会发生短路—熔断—电弧的过程，易使金属丝发生断裂现象。压缩空气要滤去空气中的油和水分，分离器高为 500mm。直径为 300mm 的圆筒内装 3 层橡皮、木炭、木屑。压力不低于 0.4MPa，否则不易将熔化的金属吹成极细小的雾状颗粒，过大的颗粒结合力差，容易脱落。

喷镀完后的工件，让其慢慢冷却到 4℃ 左右，浸入油内数小时（大件可不断涂刷润滑油），使润滑油进入涂层以利车削和发挥轴颈多孔熔油性，再按尺寸要求车圆。开始要刀刃锋利，切削量小，最后用钝刀，提高光洁度，有加工条件的单位，光洁度要求高的表面，还可进一步研磨。切削条件如表 2.20 所示。

表 2.20   切 削 条 件

喷涂材料	高 速 钢 车 刀		硬 质 合 金 车 刀	
	切削速度/(r·min⁻¹)	进刀量/(min·r⁻¹)	切削速度/(r·min⁻¹)	进刀量/(min·r⁻¹)
不锈钢	15～20	0.08～0.13	9～13	0～0.1

喷涂后的轴颈也可采用磨削工艺，使轴颈尺寸和光洁度符合要求，磨削的砂轮如表 2.21 所示。

表 2.21   磨 削 的 技 术 参 数

砂轮牌号	TL⊥46ZR₂±A 中等硬度绿色碳化硅	砂轮牌号	TL⊥46ZR₂±A 中等硬度绿色碳化硅
砂轮移动速度	30～35m/s	砂轮移动速度	2～10mm/转
工件旋转线速度	25～30m/min	冷却剂	皂化液

（4）轴颈镶套。对轴颈磨损也可以采用不锈钢镶套在泵轴上的方法修复（有的轴颈本身就是不锈钢套的）。目前，国外采用分瓣的不锈钢镶套工艺。将不锈钢套加工成分瓣件，在接缝处加工成倒角，与大轴接合处装有两只铜销，用电焊焊接接缝处。铜销传热快，冷却后使不锈钢套牢固地抱紧在泵轴上。其加工尺寸和铜销子选用的尺寸是关键，有待在实践中研究和探讨。电焊堆焊修复轴颈工艺，因易使大轴变形，一般不采用。

电机轴颈采用稀油润滑轴承，其磨损较小，一般不需要处理。只是由于事故等原因造成轴颈局部拉毛等缺陷，一般采用刮削、手工研磨方法修复。

第3章　机组故障分析及检修、维护

3.1　水泵故障及其处理

3.1.1　故障处理注意事项

水泵常见的故障大致可分为水力故障和机械故障，处理故障时应注意以下方面：

（1）当发生一般运行故障时，需记录运行时的状态、现象，以便能正确分析产生故障的原因。

（2）检查故障时，应有计划、有步骤地进行系统检查，先检查经常发生和容易判断的故障原因，后检查比较复杂的故障原因。

（3）在进行不停机故障检查时，应注意安全，只允许进行外部的检查，听音、手摸均不得触及旋转部分，以免造成人身事故。

（4）水泵的内部故障，只有在不拆卸机件无法判断时，才进行解体检查。在拆卸过程中，应测定有关配合间隙等技术数据，供分析故障使用。

（5）结合对水泵运行故障的分析处理，检查水泵运行管理工作的缺陷，并提出改进措施。

（6）对突然发生的严重水泵运行事故，值班人员应迅速无误地停止机组运行，尽可能地防止事故扩大，并采取有效措施，确保人身、设备安全。

机组运行中可能会发生故障，但是一种故障的发生和发展往往是多种因素综合作用的结果。因此，在分析和判断一种故障时，不能孤立地静止地就事论事，而应全面地、综合地分析，找出发生故障的原因，然后才能及时而准确地排除故障。

3.1.2　故障和处理方法

泵站机组运行中常见的故障原因及处理方法如表 3.1 所示。

表 3.1　　　　　　　泵站机组运行中常见的故障原因及处理方法

故障现象	原　　因	处　理　方　法
电动机超负荷	装置扬程过高，出水不畅、堵塞或管路拍门未全部开启	增加动力，清理出水管路或在拍门后设置平衡锤
	水泵超转速	转速降至额定值
	橡胶轴承磨损，泵轴弯曲，叶片外缘与泵壳摩擦	更换橡胶轴承，检查叶片磨损程度，重新调整安装
	叶片缠有杂草、杂物	清除杂物，进水口加做拦污栅

续表

故障现象	原　因	处　理　方　法
电动机超负荷	进水池不符合要求，两泵抢水造成漩涡	改造进水池，注意水位不能降低过大
	水源含沙量大，增加了水泵的轴功率	含沙量超过 12% 时，则不宜抽水
	叶片安装角度超过规定	调整叶片安装角度
	水泵流量偏大，扬程偏高，配套不当	适当降低转速，更换配套的动力机
水泵不出水	水泵反转	改正旋转方向
	水泵转速太低或不转	提高转速，排除不转因素
	水泵叶片装反	重新正确安装
	叶片断裂或松动	调整或更换叶片
	叶轮叶片缠绕大量杂草杂物	停车回水冲杂草或人工去除
	叶轮淹没深度不够	降低安装高程
水泵运转有杂音或振动	叶片外缘与进水喇叭口有摩擦	检查并调整叶轮部件和泵轴垂直度
	泵轴与传动轴弯曲或安装不同心	校正泵轴垂直度，调整同心度
	水泵或传动装置地脚螺栓松动	加固基础，拧紧螺帽
	水泵部分叶片击碎或脱落	调换或安装叶片
	水泵叶片缠绕有杂草杂物	停车回水冲杂物，进口加装拦污栅
	叶片安装角度不一致	调整安装角度，使其一致
	水泵层大梁振动大	正确安装水泵，加固大梁
	进水流态不稳，产生漩涡	降低安装高程，后墙和各泵之间加隔板消除漩涡
	刚性联轴器四周间隙不一，不同心	调整机泵安装位置
	轴承损坏或缺油	更换轴承或加油
	橡胶轴承紧固螺栓松动或脱落	及时修理
	叶轮螺母松动或联轴器销钉松动	拧紧松动螺母或更换销钉
	几台水泵排列不当	采取防振措施或重新排列
	平皮带接口不正确	按正确方法连接
	产生空蚀，进水池水位低于设计值，淹没深度不够	查明原因后再处理。如改善进水条件、调节工况点

3.2　电动机故障诊断及排除方法

电动机的故障主要有电气和机械两类。如电动机绕组绝缘损坏与绕组过热有关，而绕组过热又与电动机绕组中电流过大有关。只要根据电动机的基本原理、结构和性能，就可对故障做正确判断。因此，根据对电动机看、闻、听、摸所掌握的情况，就能有针对性地对电动机做必要检查，找出原因，以便处理。

3.2.1 故障调查

故障发生后，有关人员应深入现场向运行管理人员了解电动机发生故障时的情况。

3.2.2 电动机外部检查

（1）检查机座、端盖有无裂纹；转轴有无裂痕或弯曲变形；转动是否灵活，有无不正常的声响；风道是否被堵塞，风扇、散热片是否完好。

（2）检查绝缘是否完好，接线是否符合铭牌规定，绕组的首末端是否正确。

（3）测量绝缘电阻和直流电阻，以检查绝缘是否损坏，绕组中是否有断路、短路及接地现象。

3.2.3 电动机内部检查

（1）检查绕组部分。

（2）检查铁芯部分。

（3）查看风扇叶是否损坏或变形，转子端环有无裂纹或断裂，再用短路测试器检验导电条有无断裂。

（4）检查轴承的内外套与轴颈的轴承室配合是否合适，同时还要检查轴承的磨损情况。

3.2.4 电动机常见故障分析及处理

电动机及启动设备运行中常见的故障、产生原因和处理方法如表 3.2、表 3.3 所示。

表 3.2　　　　　　　　　　　电动机常见故障、产生原因及处理方法

故障现象	产 生 原 因	处 理 方 法
电动机不能启动，达不到额定转速	熔丝烧断，或电源电压太低	检查电源电压和熔断器
	定于绕组或外部线路中有一相断开	用万用表或灯泡检查定子绕组和外线路
	鼠笼式电机转子断条，能空载启动，但不能加负荷	将电动机定子绕组接到50～80V低压三相交流电源上，慢慢转动转子，同时测定子电流，如果大小相差很大，则说明转子断流
	绕线式电机转子绕组短路或滑环与炭刷等接触不良，电刷冒火，滑环发热，转速降低	用灯泡法检查转子绕组和滑环与炭刷的接触情况
	应接成△的电动机，误接成 Y，因此电动机空载可以启动，满载则不转	检查出线盒接线
	电动机负载过大	减轻电动机负载
	定子三机绕组中有一相接反	查出首尾，正确接线
	电动机或水泵内有杂物卡阻	去除杂物
	轴承磨损、烧毁或润滑油冻结	调整更换轴承及润滑油

续表

故障现象	产 生 原 因	处 理 方 法
电动机空载或加负荷时三相电流不平衡	电源电压不平衡	检查电源电压
	定子绕组有部分线圈短路,同时线圈局部过热	电表测量三相绕组电阻,若相差很大,说明一相短路
	重换定子绕组后,部分线圈匝数有错误	电表测量三相绕组电阻,若相差大,说明一相短路
电动机过热	过负荷	减少负荷
	电源电压过高或过低	检查电源电压
	三相电压或电流不平衡	消除产生不平衡的原因
	定子铁芯质量不高,铁损太大	修理或更换定子铁芯
	转子与定子摩擦	调整转子与定子间隙,使各处间隙均匀
	定子绕组有短路或接地故障	用电表测量各相电阻进行比较,用电表测量定子绕组间的绝缘和对地绝缘
	电动机启动后单相运行	检查定子绕组是否一相断开,电源是否一相断线
	通风不畅或周围空气温度过高	使通风良好,或降低负荷
电动机有剧烈振动和响声	电动机基础不牢固,地脚螺丝松动	加固或重浇基础,拧紧地脚螺丝
	安装不良,机组不同心	检查安装情况并进行校正
	电动机转轴上的皮带不平衡	应做静平衡试验
	转子与定子摩擦	调换磨损轴承,校正车磨弯曲的轴和精车转子
	转子绕组破坏,磁性不对称	检修转子绕组
	联轴器松动不同心	检修和校正电动机和水泵联轴器
	空气间隙不均匀	调整转子中心线,必要时更换轴承
	一相电源中断或电流、电压突然下降	接通断相的电源
	三相电不平衡,发出嗡嗡声	检查三相电不平衡的原因
轴承过热	滑动轴承因轴颈弯曲、轴瓦不光滑导致两者间隙太小	校正或车磨轴颈,刮磨瓦和轴颈,并调控间隙或更换轴瓦;放松螺丝或加垫片,将轴承盖垫高
	滚珠或滚柱轴承和电动机转动的轴心线不在同一水平或垂直线上;滚珠、滚柱不圆或碎裂,内外座圈锈蚀或碎裂	摆正电动机,重新装配轴承或调换轴承
	轴承润滑不良,润滑油不足或太多	清洗更换新油,增加或减少润滑油到规定标准
	皮带过紧	放松皮带

表 3.3　　　　　启动设备常见故障、产生原因和处理方法

故障现象	产 生 原 因	处 理 方 法
线圈过热	电磁铁的牵引过载	调整弹簧压力
	在工作位置上电磁铁极面间不贴紧	调整机械部分
	线圈的额定电压不符合线路的电压	核对线圈的额定电压是否与线路电压相符
	线圈发生部分短路	用试验灯检验,更换线圈

续表

故障现象	产 生 原 因	处 理 方 法
有大的响声	电磁铁过载	调整弹簧压力
	极面有污垢或生锈	除去污垢或铁锈
	极面接触不正	调整机械部分
	极面磨不平	修正极面
	短路铜环断裂	焊接或重做短路环
	衔铁与机械部分的联锁松动	上紧联锁扣
	电压太低	提高电压
衔铁吸不上	线圈断线或烧毁	轻则修理，无法修理的更换线圈
	衔铁可动部分被卡住	检查并消除障碍物
	机械部分转轴生锈或歪斜	去锈、上润滑油或调换配件
接触器的动作缓慢	极面间隙过大	调整机械部分，减少间隙
	电器安装不正	把电器装正
断电时衔铁不落下	触头间弹簧压力过小	调整触头压力
	电器的底板下部较上部凸出	装正电器
	衔铁或机械部分被卡住	去除障碍物
	触头熔接在一起	更换触头
线圈损坏	空气潮湿或含有腐蚀气体	换用特种绝缘漆的线圈

手拉电器部分

故障现象	产 生 原 因	处 理 方 法
触头过热或烧毁	线路电流过大	改用容量较大的电气设备
	触头压力不足	调整触头弹簧压力
	触头表面不干净	去除污垢
	触头行程过大	更换电器
开关手把转动失灵	定位机构损坏	修理或更换
	静触头的固定螺丝松动	上紧固定螺丝
	电器内部落入杂物	去除障碍物

自耦降压启动器

故障现象	产 生 原 因	处 理 方 法
电动机无故障，启动器能合上但是不能启动	启动电压太低，转矩不够	测量线路电压，提高电压或将启动器抽头提高一级
	熔丝熔断	检查熔丝并更换熔丝
自耦变压器发出嗡嗡声	变压器的铁片未夹紧	夹紧变压器的铁片
	变压器中有线圈接地	用兆欧表或试验检查找出接地点，拆开重绕或补加绝缘
启动器油箱内发出一种特殊的吱吱声	触头上跳火花——接触不良	检查油面高度是否符合规定，用锉刀整修或更换紫铜接头
油箱发热	油里掺有水分	更换绝缘油

续表

故障现象	产　生　原　因	处　理　方　法
启动器中发出爆炸声，同时箱里冒烟（熔丝可能熔断）	接触点有火花	整修或更换触头
	开关的机械部分与导体间的绝缘损坏或接触器接地	查出接地点并消除
欠压脱口器停止工作	欠压线圈烧毁或未接牢	检查丝圈是否良好正确，断电器触头是否熔接，线圈若烧毁即更换
电动机没有过载，但启动器的握柄却不能在运行位置上停留	欠压继电器吸不上或过载继电器间的接点接触不良	检查欠压继电器电源和接线是否有错，是否有卡位现象，检查修理过载继电器触点
	过载继电器调整的电流值太低，机械机构被卡住或油杯里的油太稀	调整断电器，检查撞针使其灵活，或将油杯里的油加浓一些
联锁机构不动	锁片锈牢或磨损	用锉刀修理或局部更换

3.3　水泵防磨抗磨措施

3.3.1　泥沙对水泵的磨损

在多沙水流中，水泵磨损问题较普遍、严重。泵型不同磨损部位也不同，泥沙含量高低、粒径粗细使水泵磨损差别较大，取水布置、运行操作等对水泵磨损均有影响。

轴流泵的磨损多见于以下现象：

（1）下导轴承磨损。立式轴流泵下导轴承多为水润滑轴承，淹没在水下工作，浑水润滑，轴承容易磨损。

（2）叶轮磨损。叶轮磨损的部位在叶片出口的外侧，多数伴生空蚀。叶片磨损后出水量降低，如表 3.4 所示。

表 3.4　　水泵部件磨损情况

站名	地形扬程/m	水泵型号	单泵出水量/(m²·s⁻¹)		主要部件寿命/h			水源	含沙量/(kg·m⁻³)	
			新泵	磨损后	叶轮	口环	下导轴承		汛期月平均	年平均
三角城	42	32SA－10	1.4		4500			黄河	5.3	3.1
景泰川一级	74.5	32Sh－9	1.85		3000			黄河	9.6	6.4
包钢水源	7.0	PV11×2	1.9		2000		1500	黄河	7.6	5.6
田市	4.9	56ZLB－85	6.3	5.6	4000		500	引渭渠道	(100)	(33)
夹马口	70	24SA－10	0.9	0.7	650	200		黄河	74.3	32
小樊一级	18.2	24Sh－28	0.94	0.61	1100	400		黄河	74.3	32
小樊二级	48.6	24Sh－13	0.85	0.6	1500	400		引黄渠道	(74.3)	(32)

续表

站名	地形扬程/m	水泵型号	单泵出水量/(m²·s⁻¹)		主要部件寿命/h			水源	含沙量/(kg·m⁻³)	
			新泵	磨损后	叶轮	口环	下导轴承		汛期月平均	年平均
尊村一级	6.8	64ZLB-50	7.4				200～900	黄河	74.3	32
龙行二级	39.5	24Sh-13	0.9	0.79	2500			引黄渠道		
尊村二级	29.3	32Sh-13	1.52	1.1	2000	1000		引黄渠道	32*	
尊村三级	9.1	48Sh-22A	2.25		>2100			引黄渠道	24*	
东雷二级	215.8	黄河2号 KD₂-110×2	2.2		700	300		引黄渠道	(74)	(32)
南乌牛二级	103.6	黄河4号 KD₂-110	4.4		777	300		引黄渠道	(74)	(32)
风陵渡一级	11.6	20Sh-28	0.5		1000	1000		黄河	51	28
花园口东	6.5	20ZLB-70	7.0				600	黄河	35	23.3
北店子	5.1	44ZLB-85	2.5	1.7	1200		800	黄河	34	25.6
大禹渡二级	193.2	10DK-9×2A	0.24	0.24	4010			引黄沉沙池后	15	

注 1. ( ) 为渠道处河水含沙量。

2. * 为实测出现较大含沙量。

3. 尊村三级叶轮磨损 ">2100h" 为运行2100h后检查为轻微磨损，仍能使用。

（3）叶轮室磨损。叶轮室磨损主要在轮室与叶片的间隙处，并伴生空蚀。轮室磨损后，间隙加大，出水量降低。田市泵站的56ZLB-85型泵运行5000h，间隙由2mm增大至5.6mm。导叶体也发生磨损，但较其他部件轻。

3.3.2 水泵磨损的因素

1. 含沙量高、粒径粗

从一些水泵磨损的情况分析，其较普遍的规律是含沙量高、粒径粗，水泵磨损严重。

（1）含沙量与水泵磨损的关系。含沙量与水泵磨损的关系比较复杂，破坏机理方面研究还很不完善，有关理论还待进一步研究证实。从水泵的磨损情况可看出，含沙量高则磨损严重，含沙量低则磨损较轻。如汛期月平均含沙量大于30kg/m³时，水泵磨损严重；汛期月平均含沙量小于15kg/m³时，水泵磨损较轻。在扬程相近的条件下，叶轮磨损随含沙量变化特别明显。如景泰川一级站与夹马口站两者扬程相差不多，而含沙量差别大，叶轮磨损差别也大。在同样含沙量条件下，扬程越高磨损越严重。

（2）泥沙粒径与水泵磨损的关系。泥沙粒径粗则叶轮磨损严重，泥沙粒径细则叶轮磨损较轻。关于有害泥沙粒径的界线，由于目前试验研究不够，尚难以用理论公式推算，现按经验数据进行初步判断，如表3.5所示。

表 3.5　　　　　　　　　　　泥沙粒径与叶轮磨损的关系

站名	水泵型号	转速 /(r·min^{-1})	叶轮直径 /mm	叶轮圆速度 V_D/(m·s^{-1})	过泵泥沙粒径 D_{50}/mm	叶轮寿命时间 /h
夹马口	24SA－10	960	765	38.4	0.14	650
小樊二级	24Sh－13	970	630	31.9	0.18	1500
龙行二级	24Sh－13	970	630	31.9	0.052	2500
尊村二级	32Sh－13	730	740	28.2	0.06	2000
尊村三级	48Sh－22A	369	912	17.6	0.038	＞2100
大禹渡二级	10DK－9×2A	1450	545	41.3	0.015	4000

从表 3.5 可看出：

1）叶轮的磨损与泥沙粒径成正比。当粒径一定时，叶轮圆速度 V_D 越大叶轮磨损越严重；当粒径小到一定值时，V_D 虽大，磨损也不严重。如大禹渡二级站 V_D 达 41.3m/s，由于泥沙细，叶轮磨损不大。这表明泥沙有害粒径存在临界值，小于此粒径的泥沙对水泵磨损危害性不大。

2）泥沙粒径 $D_{50}\leqslant0.015$mm 时，叶轮磨损较轻，寿命可达 4000h 以上，水泵效率基本不受影响。从运行经验数据来看，泥沙有害临界粒径大致为 0.03mm。

从泥沙含量、粒径与水泵磨损的关系看，两者是联合作用磨损水泵，但粒径对磨损起主导作用。泥沙粒径细，虽含沙量较高，磨损也较轻。如大禹渡二级站经沉沙池处理，粒径细化，汛期平均含沙量为 15kg/m³，最高含沙量也曾达 35kg/m³，其叶轮磨损时间与汛期平均含沙量 5.3kg/m³ 的三角城泵站水泵叶轮磨损时间相近。

2. 水泵空蚀

从一些水泵的磨损情况看，叶轮、轮室、口环、隔舌等部件的磨损处都伴有空蚀。泥沙磨损与空蚀相互作用的机理是一个复杂的问题。泥沙磨损是机械作用和化学作用的结果，水中泥沙与过流表面冲击的瞬间产生高压和高温，使金属表面氧化，急剧的温度变化引起金属膜的破坏并产生腐蚀，而且泥沙的冲击又加速了金属膜的破坏，因而使金属表面凸凹不平。在凸凹处容易造成局部脱流，形成旋涡，旋涡产生气泡，气泡受脉动压力最高值作用溃灭，产生空蚀；气泡破裂产生的微射流会带动泥沙形成直接水击，使沙粒以极高的压力，朝着金属表面猛烈撞击，呈现出异乎寻常的表面摩擦，又加速磨损。由此看来，泥沙磨损伴生空蚀，空蚀又促进磨损。

3. 取水布置不当

多沙水流取水布置不当，造成前池淤积，不能满足水泵吸水的技术要求，促使水泵空蚀，进而加重水泵磨损。如邙山、夹马口等泵站为扩散型前池，在多沙水流上淤积严重，不满足水泵吸水要求，水泵产生空蚀，加重了磨损。

4. 不合理的运行方式

有些泵站取水建筑物发生淤积，在启动水泵前不进行清淤，而利用水泵抽排泥沙，由于过泵沙量集中，加速了水泵磨损，如尊村一级站停机后闸前形成拦门淤积，再启动时，先在淤积的沙坎上挖沟引水，启动水泵降低闸后水位，增大水头，加大过流速度，造成过泵沙量集中，加速水泵磨损。风陵渡一级站水泵启动前，仅将进水管周围淤沙扒开，满足进水，在启动后短时间内进水管周围的淤沙过泵排出，既形成过泵沙量集中，又造成吸上真空高度加大，也加速了水泵的空蚀与磨损。

3.3.3 防止水泵磨损的措施

1. 设沉沙池

如前所述，含沙量高、泥沙粒径粗是造成水泵磨损的主要因素。因此，设沉沙池处理较粗泥沙，降低含沙量是防止或减轻水泵磨损的有效措施。将过泵泥沙细化、降低含沙量，水泵叶轮寿命可延长数倍，较长时间保持水泵的额定效率。如大禹渡高扬程的二级站设有沉沙池处理泥沙，其水泵叶轮的寿命比无沉沙池的中、低扬程的水泵叶轮寿命长数倍。

2. 改善进水条件

对进水池采取措施防止泥沙淤积，并排沙泄空，在满足水泵进水技术条件下，尽可能采取正值吸水，可防止泥沙淤埋进水管口，避免泥沙集中过泵而加重磨损。

3. 水泵过流部件喷涂耐磨涂料

叶轮的抗磨涂料，过去在水轮机方面研究试验较多，20世纪70年代以来在黄河的夹马口、景泰川、大禹渡、东雷等泵站开始试验研究和应用。抗磨涂料应用比较好的有以下几种：

（1）在夹马口泵站曾采用喷涂复合尼龙层，寿命为 1200～1500h；但在叶轮出口处表面易脱落。

（2）南乌牛泵站的 KD4-110 型水泵采用氧乙炔焰合金粉末喷焊和复合尼龙喷涂，经一个灌溉年度（约 1000h）运行后检查，除部分叶片尼龙涂层剥落外，喷焊层仍完整。在该站采用环氧金刚砂涂层的叶轮，可连续运行 1000h 以上。上述涂层是在含沙量 3～10kg/m^3、15～35kg/m^3 下使用的。

（3）在三门峡水电站，1982 年就开始了水轮机抗磨试验研究工作，采用的抗磨涂料有：①在非空蚀区过流部件用环氧金刚砂涂覆，工艺简单、价格低廉，寿命可达 30000h；②金属陶瓷是良好的抗磨蚀材料，在 1 号机 1 号叶片出水边 1983 年堆焊的 280mm×300mm 面积的金属陶瓷（强空蚀区）运行 48484h，完整无损。

4. 采用耐磨材质铸造叶轮

水泵叶轮材质多采用铸铁及铸钢，在多沙水流中使用磨损严重。近年来采用一些耐磨材质的叶轮在多沙水流上作试验性运用，其运行情况如下：

（1）球墨铸铁叶轮。其耐磨性能比铸铁叶轮高，寿命延长 1 倍。亢阵山抽水站 24Sh-19 型水泵用球墨铸铁叶轮，寿命为 4000h，用铸铁叶轮磨损时间为 2000h。其造价比铸铁高 1 倍。

（2）不锈钢叶轮。其耐磨性与铸铁叶轮相差不多。南乌牛二级站黄河 4 号泵用不锈钢叶轮，寿命 777h，造价 5 万元，造价高出铸铁叶轮数倍。

（3）搪瓷叶轮。硬度、光洁度较高，抗空蚀和抗磨性能较好。在东雷二级站黄河 2 号泵上应用，运行 740h 后，仅有较轻度的磨损伤痕，抗磨性较好，但搪瓷脱落后尚无有效的修补措施，价格也昂贵。

综上所述，叶轮的耐磨材质中，采用球墨铸铁为宜。

5. 改进水泵结构，适应多沙水流情况

（1）对多沙河流高扬程水泵采用低转速的多级叶轮可以减轻叶轮及导叶等过流部件的磨损。

（2）改进轴流泵水导轴承润滑水质。在多沙水流上运行的轴流泵，下导轴承淹没在水中，用浑水润滑，轴承磨损特别严重，亟待改进。有的泵站在下导轴承端加填料，改用外引压力清水润滑，用水量较大，仍有磨损。尊村一级站自下导轴承至上导轴承全用套管将轴封闭，再引用外压力清水润滑，情况大大改善。轴承与轴的磨损问题也得到了解决，根本消除了泥沙对水泵大轴及橡胶轴承的危害，延长了主泵的大修周期。据对 6 号、7 号机组运行 3500 时后检查，轴承情况良好，7000h 大修时大轴轴套无大的磨损，延长了检修周期，节省了费用。

（3）小型轴流泵采用肘型弯进水管。叶轮直径小于 100mm 的轴流泵的进水管多为直锥型，装在湿室型泵房内进水室淤积较严重，进水条件恶化，加重水泵磨损与空蚀；不运行时水轮常被淤泥埋没，再运行时在泥沙水中旋转又加重磨损；泵壳、轴承全淹没在水中，轴承磨损严重，改造轴承也较困难。因此，直锥型进水管的轴流泵在多沙水流上不适用。将进水管改肘型进水流道，并置于干室型厂房内，在进水管进口装设闸门，不运行时关闸，可防淤积，有利于减少水泵磨损与空蚀；下导轴承便于改造为全套管封闭加清水润滑，防止磨损。干室型泵房也便于对水泵维修。

6. 水泵降速使用

水泵的磨损与水泵转速有密切关系，转速高磨损严重，水泵降速使用，叶轮圆周速度及流道过流速度均有所降低，有利于减少水泵磨损。如交口抽渭灌溉工程一级泵站的 32Sh-19 型水泵采取降速使用措施，转速由 730r/min 降为 590r/min，叶轮寿命可达 4000h；尊村三级泵站的 48Sh-22A 型水泵，采取降速使用措施，转速由 485r/min 降为 369r/min，运行 2100h 后叶轮磨损很轻，仍能使用。

7. 改进不科学的运行

水泵运行前，对于闸前及前池的淤积泥沙要进行清除，以保证水泵吸水条件，防止水泵空蚀。特别严禁用水泵"拉沙"清沙，以免沙量集中过泵，加重磨损。

3.4 水泵的日常维护

3.4.1 水泵的常见问题

在水泵的运行过程中，水泵的设备基础、传动轴、管路阀门、过流件、管路等部分都与水泵故障的产生有直接联系。在检修安装方面，如果在找平和基础定位方面存在过大偏差，就会产生噪声和振动。叶轮不平衡或泵轴弯曲会导致轴承发热和水泵振动。轴承间压盖间隙或轴承游隙的不合理，也会造成轴承发热和水泵振动。此外，水泵联轴器、电机联轴器等没有找正，也会造成此类故障。在操作方面，如果没有关闭出口阀就启动水泵，会造成全负荷启动，从而产生过大的电流，引起水泵电气设备跳闸。如果出口阀关闭时间过长，就会造成水泵空转，从而使口环摩擦发生热膨胀。此外，充水不足、填料盒漏气、水泵底阀锈死、叶轮堵塞、叶轮旋转方向错误、进水口堵塞、真空管道漏气、进水管道漏气等情况，都会导致水泵不出水。在水泵的运行过程中，如果地脚螺丝发生松动，将会造成水泵的整体振动。如果填料压盖螺栓过紧，泵轴摩擦和盘根受压就会增大，从而造成功率上升、盘车困难等情况。轴套磨损会使水泵填料失效，进而导致泄漏故障。水泵叶轮发生磨损会增大口环和叶轮之间的间隙，进而降低水泵出口的压力。如果管路堵塞或转动部件锈死，水泵的出水量将会降低，甚至无法正常出水。

3.4.2 日常水泵维护管理

为了延长水泵寿命，保障水泵质量，水泵日常的维护管理必不可少。具体工作应包括以下几点。

1. 验收

水泵的相关数据、各项技术指标以及出厂证件等必须验收，验收标准参照检修和安装的质量标准。

2. 维护总体要求

水泵的日常维护管理必须按照"清洁、紧固、润滑、调整"的八字方针进行，泵体要保持清洁，泵体要经常检查是否泄漏，细小部件是否生锈以及是否牢固，要确保轴承油位的标准量，阀门应定期进行润滑保养，保持其灵活性。在进行点检操作时，一定要遵守"定法、定人、定项、定期、定标、定点"的"六定"准则。定法：点检方法的确定；定人：点检负责人的确定；定项：点检项目的确定；定期：点检周期的确定；定标：点检标准的确定；定点：点检位置的确定。

3. 水泵点检

（1）电机运行电流状况的定期检查。把电机的运转电流和正常值进行比较判断，触摸和听是两种检查方法。触摸就是检查电机振动是否正常；水泵有一个正常的运行发声，听就是听其发声是否正常。水泵的运行温度也可通过触摸大致检测，如果发现异常再用专用仪器进行精确测量。

（2）定期检查水泵润滑油情况。检查润滑油的质量和油量，如果感觉润滑油质量达不到标准时，就应当用化学分析的方法进行检测。要定期更换轴承箱的润滑油。

（3）检查更换盘根。油浸石棉盘根经常用在泵类设备盘根中，但是因为石棉纤维较短，因此油浸石棉盘根结构比较疏松，不仅容易破裂磨损，还容易干枯硬化；所以盘根要定期更换。在更换盘根的操作中，盘根的接头要对准，压盖不能太松或太紧。磨损或多热现象一旦出现要及时处理。

（4）定期对水泵解体检查。填料箱内水封环要保证在合适的位置，水封管口和水封环要相互对好。水封管口不能堵塞，轴封水能够正常循环，这样盘根就能得到更好的润滑效果，还可以促进水泵的冷却作用。清洁并检查过流件如轴套、叶轮和泵轴等，检查轴承是否磨损严重，要及时更换有问题的部件。在轴承安装或替换时，精度和游隙要把握好，防止出现损坏或过热。

4．其他细节维护

（1）渠槽进出口、水池的杂物要定期进行清理，使管路畅通无阻。

（2）要定期查看管道支架，检查是否生锈以及是否固定牢固，定期对支架进行防腐操作。

（3）在冬季时要做好防冻工作，防止阀门、泵壳或管道被冻裂。

（4）水源的含沙量对水泵的影响很大，要定期检查，含沙量在 12％ 以内较好。

（5）为了确保水泵质量，如果水泵很少使用，那么每月要进行试泵操作，时间在 30min 以上。

3.4.3　泵站设备的运行管理

（1）水泵的检查方法。针对水泵运行过程中可能出现的故障和问题，在其运行之前，应当对水泵进行细致的检查，确保其设备基础、地脚螺丝、法兰螺栓，以及其他各个部件的稳定性。对轴封水管路、冷却管道等进行检查，确保其不存在泄漏或堵塞的情况。同时，要对压力表、真空表、温度表、压力表等进行检查，确保其能够正常完好地显示。此外，对于阀门操作系统、开关等进行检查，确保其处于灵活状态。还要保证水泵盘车转动松紧的灵活均匀，同时保证水泵出口阀处于关闭状态。应当将常用的工具整理摆放在操作岗的固定位置，方便快速取用。对于水泵应当及时清理外部的灰尘和油泥，避免在转动装置附近摆放物品。同时检查排污栅、进水池吸水管，确保其完好无损、支撑稳定，并且将水池中的杂物清除。

（2）要严格遵守泵站设备管理的规章制度，提升管理水平。在泵站设备的运行管理操作过程中，泵站中运行相互有关联设备时一定要严格参照《泵站操作规则》，日常中要监测泵站中设备的运行状况，并及时发现问题、解决问题，做好对应记录，为了以后泵站的设备改造换代提供强大的基础。

（3）日常维护保养要加强，使其运行正常。设备技术状态会随着泵站设备中零部件的动态变化而变化，一些设备故障或非正常现象就会出现在泵站设备运行的过程中，如果不能及时清除这些故障，泵站设备极有可能直接损坏，甚至对泵站设备运行周期造成影响。为了保证泵站设备更加稳定地运行，泵站的维修保养工作必须要做好。在对泵站设备运行稳定性进行优化控制时要遵循"养护为主，维修为辅"的原则，例如泵站区域的卫生要定期清洁，防止灰尘进入设备内部引发设备故障，泵站中的电气设备也要定期巡检，保证泵站运行的稳定性和安全性。

（4）加强对管理人员的技术培训，提高整体素质。熟悉泵站的运行原理以及基本结构是泵站管理人员所要具备的基本素质，这样在泵站设备出现问题后，管理人员才能在第一时间精确找到故障位置并进行解决。同时泵站管理人员也要掌握检测、维修养护、检查以及控制运行技术。所以企业必须加强对泵站相关人员的培训，同时制定《泵站设备安全运行规程》，使设备运行管理体系得到进一步规范，使泵站的稳定性更高。

（5）机组运行中的监视与维护

在水泵运行过程中，值班人员应注意以下事项：

1）注意机组有无不正常的响声和振动。

2）注意轴承温度和油量的检查。

3）检查电动机的温度。

4）注意仪表指针的变化。

5）填料盒外的压盖要松紧适度，填料要符合要求。

6）注意防止水泵过流断面发生空蚀。

7）进水池的防污和清淤。

8）检查并处理易于松动的螺栓或螺母。

9）油、水、气管路接头和阀门渗漏处理。

10）电动机碳刷、滑环、绝缘等的处理。

11）保持电动机干燥。遥测电动机绝缘电阻。

12）检修闸门吊点是否牢固，门侧有无卡阻物、锈蚀及磨损情况。

13）闸门启闭设备维护。

14）吊车运行维护。

15）机组及设备本身和周围环境保洁。

16）做好运行记录。

3.5　机组倒转问题实例

在实际机组运行中，出现过水泵倒转的情况，对机组安全运行有隐患，如果处理不及时，轻则烧毁盘根，重则损害电机，破坏管路，造成严重的影响。在工程管理及工程运行中，应特别注意水泵倒转问题的分析及处理。

3.5.1　水泵机组倒转原因分析

水泵机组倒转问题产生的原因如下：

（1）开机时误操作引起电机拖动水泵倒转。如电机接线接反或正反转手车切换失误。这一般出现在试机或开机阶段，出水口无压力或不出水。这种情况容易被发现并改正。

（2）机组运行时突然发生全站失电，导致水泵失去动力，而此时水泵出水门没有关闭，出水口的高压水通过出水门往水泵进口倒流，造成水泵倒转。这种情况由于停电带来操作上的不利，一旦处理不及时，就会造成极大的危害。

（3）正常机组停止运行时，出水门还没有完全关闭，也会造成水泵的倒转。

3.5.2　水泵机组倒转的危害

1. 造成停泵水锤的危害

停泵水锤是指水泵机组因突然停电或其他原因，造成开阀停机时，在水泵及管路中水流速度发生变化而引起的压力递变现象。水锤使管道中压力急剧增大至超过正常压力的几倍甚至十几倍，其危害很大，可以破坏管道、水泵、阀门。

2. 对推力轴承的破坏

水泵倒转会产生很大的轴向推力，如果发现不及时，会对水泵的动、静部分产生摩擦，进而破坏推力轴瓦。

3．对泵轴、电机的破坏

在开机前如果没发现水泵倒转而开机，会产生很大的扭矩，严重时会毁坏泵轴和电机转子。在运行或停机时，水泵发生倒转，电机变成发电状态，对泵站电气线路造成破坏，还会引起转动部件固定件松动。当水泵机组倒转速度过快，大于额定转速时，产生的飞逸转速会使电机产生巨大的呼啸声，对电机有很大的损害。

4．对盘根的破坏

机组长时期倒转，会对盘根产生较大的破坏。

5．其他方面的破坏

轴流泵发生倒转，可能会达到飞逸转速，不仅仅对水泵产生危害，还可能损害泵房安全。

3.5.3　水泵机组倒转的预防措施及处理方法

江苏省秦淮新河闸管理所自 2005 年参与实施了"引江换水"，机组运行时间较改造前大大增加，一年内机组运行时间有 100 多天。根据多年运行记录及工作中突发事故处理经验，总结了一套行之有效的水泵机组倒转的预防及处理方法。

1．组织措施

按照机组运行巡视规程及反事故预案，认真做好以下工作：

（1）开机时，认真检查机组运行模式，检查电机接线情况，观察出水口水流情况，杜绝误操作引起电机拖动水泵倒转的情况。检查机组是否倒转，对于齿轮箱而言，顺时针为排涝，逆时针为灌溉。

（2）机组运行时，运行值班人员需认真进行巡视检查，观察机组运行情况及电气设备运行情况。减少因失压、过压保护或温度过高而导致停电事故。

由于供电部门线路故障发生突然停电事故时，应立刻启动反事故预案处理方法，具体操作方法如下：

1）立刻分析停电原因，切断 35kV 电源，将手车推出，电气设备手动开闸，使其处于试验状态。

2）当机组倒转时，将油泵柜切换为直流电源，关闭上、下游工作门。

3）如果直流电源没电，需到主油箱室手动顶电液换向阀关闭上、下游工作门。

4）如果机组倒转且工作门未到底，启动备用电源（站变），用电动葫芦放该机组上、下游侧检修门。

5）如果备用电源没电，启动柴油发电机，用电动葫芦放该机组上、下游侧检修门。

（3）停机时，如果上、下游水位差偏大（大于设计扬程 2.5m），不采用上位机远程停机，而采用现场停机。

1）一人在厂房辅机柜室油泵柜前操作。

2）钥匙开关旋至"停机"位置、运行开关旋至"灌溉"位置、油泵柜控制开关旋至"检修"位置、选 1 号～5 号泵站，闭上游工作门，上游工作门开高为 0 时，机组自动停机。

3）观察机组是否倒转。

4）如果机组无倒转，依次闭下游工作门。

5）如果机组倒转且上游工作门未到底，到主油箱室前手动顶电液换向阀闭上游关门，手动闭下游工作门。

6）如继续倒转，用电动葫芦放该机组上、下游侧检修门。

2．技术措施

水管单位应广泛采用新技术、新设备、新材料、新工艺，针对水泵机组的实际情况进行技术改造和设备改良。

（1）对于无逆止阀管路的水泵机组。这种停泵水锤的情况并不严重，最大的水锤值为几何扬程的1.40倍左右，需注意的是水泵机组倒转和水大量倒流造成的损失和危害。一般情况下，无逆止阀管路主要应避免水泵机组的长时间过度倒转，以防水泵轴套松脱和机组共振。通过计算程序模拟有如下规律：输水距离在1.2～5.0km范围，管线越长，停泵水锤值越大，水泵机组倒转越严重。管线长度超过5.0km，长度继续增加对水锤值影响较小。几何扬程增高，最大水锤值和水泵机组倒转值均有增加，当几何扬程大于50m时，水泵机组倒转值将持续超过额定正转速（$\beta_{max}/\beta_n \leqslant -1.0$），超过规范允许的范围。在这种情况下应与水泵制造厂联系采取相应的技术措施以确保水泵在倒转运行工况下的安全。对于无逆止阀管路选用转矩（MN）较小、转动惯量（GD_2）较大的水泵机组将有利于改善停泵水锤发生时的水泵和管路工况，推迟水泵的倒转，降低倒转值。

（2）对于装有普通逆止阀管路的水泵机组。适用于扬程为60～100m的泵站，逆止阀是一种单向阀，是为了防止停泵后因水倒流而引起机组高速倒转而设置的。正常运行时，逆止阀中的阀板被水流冲开，停泵时靠阀板自重或倒流水的作用而关闭。因此，逆止阀不仅会在正常运行时造成较大的局部阻力损失，还会引起很大的水锤压力，可能使水泵和管路遭到破坏。这种停泵水锤的情况较为严重，最大的水锤值为几何扬程的1.90倍左右。输水距离在1.2～5.0km范围时，管线越长，停泵水锤值越大。管线长度超过5.0km，长度继续增加对上述参数影响较小。几何扬程越高，停泵水锤值也越大。如果采用普通逆止阀，水泵机组、管路配件和管路系统的耐压等级和稳定性均应考虑最大水锤压力值。

（3）对于装有缓闭逆止阀管路的水泵机组。扬程超过100m的泵站，最好采用微阻缓闭式逆止阀取代普通逆止阀，这样不仅可减小阻力损失，而且可消除水锤的有害影响。缓闭逆止阀对于降低停泵水锤有明显效果。缓闭逆止阀的使用应结合具体情况，快、慢两个阶段的关阀历时应根据泵房水泵性能和输水管路的边界条件进行计算机模拟，得出最佳的理论时间组合，并在试验运行中调整，以期获得最佳关阀历时和快、慢两个阶段的关阀历时的分配。关阀时间长于或短于最佳关阀历时或快、慢两个阶段的关阀历时采用不当，均会导致产生很大的水锤压力值。计算机模拟结果表明：调整理想的缓闭逆止阀管路的停泵水锤值可控制为几何扬程的1.45倍左右，而非理想状况下的缓闭逆止阀管路的最大停泵水锤值可达几何扬程的2.5～2.8倍。此外，快、慢两个阶段的关阀历时的选用也是很有讲究的，一般要求停泵后5s内应关闭阀门的80%以上。若整个关阀历程是匀速的，也会导致产生较大的水锤压力。

（4）在扬程不高、出水管路不长的泵站，可用拍门代替逆止阀。秦淮新河闸管理所抽水站就属于这类情况。实践证明，扬程较低的泵站可取消逆止阀而在管路出口加装拍门，或在出水池中设溢流堰等断流设施，防止停泵后水泵倒转。

拍门是安装在水泵出水管路出水口处的单向门，拍门顶部用铰链与门座相连，水泵启动以后，在水流冲力的作用下，拍门自动打开；正常停泵或事故停泵时，拍门依靠自重和倒流水压力的作用自动关闭，以防止出水池的水倒泄，影响水泵机组的安全。由于其结构简单，造价低廉，在排灌泵站中应用广泛。拍门的阻力系数与其开启角度有很大关系。当开启角度达60°时，其阻力系数为0.1；当开启角度减少到20°时，阻力系数可增加到2.5。因此，设法增大拍门的开启角度对减轻水泵倒转危害来说是有效的。拍门的开启角度与很多因素有关，如管口流速、拍门的自重等。

目前，增大拍门开启角度的主要措施是减轻拍门自重。但重量太轻又难以满足强度的要求，所以不少泵站采取把铸铁拍门改为轻质拍门或浮箱式拍门，或用加设平衡锤的办法来加大开启角度。管路出口采用扩散出口形式，对减小阻力损失、提高管路效率均有明显效果。一般低扬程轴流泵抽水装置宜以减少局部阻力为主。

拍门过轻或加设平衡锤后，也会延迟拍门的关闭时间，增大拍门关闭时的冲击力，从而加速拍门的损坏，甚至影响泵房的稳定。因此，拍门与门座之间应加橡胶缓冲圈。对于大型拍门，还可加设油压缓冲装置。对于扬程较低的泵站，效果更为明显。另外，要加强对拍门的维修养护，在门座转轴处要注意加添润滑油脂，以防锈蚀影响拍门的开启角度或锈蚀严重后造成拍门脱落引发事故。

3.5.4　水泵机组倒转小结

水泵倒转会产生很大的危害，需要管理人员防患于未然，加强开、停机及运行期间的巡查，并进行反事故培训及演练，做好预防措施并及时处理，还可广泛采用新技术、新设备、新材料、新工艺，减少水泵倒转的问题。

3.6　水泵叶片折断故障实例

3.6.1　水泵叶片折断经过

2010年12月19日10：00，秦淮新河抽水站5台机组投入外秦淮河引江调水运行，20日4：40，发现1号机组电流波动，机组振动，7：12，1号机组停止运行。从计算机监控系统数据库调出1号电机电流曲线分析发现，20日4：07，1号机组电流由33A突变至38A左右，并伴有5～6A的波动（图3.1）。

事故发生在凌晨，运行值班人员没有及时发现，到4：40，值班员发现1号机组电流波动较大，机组振动，随即停机。经检查，没有发现进出水流道口有漂浮物和其他杂物，电机、齿轮箱、水泵推力轴承温度正常，保护也未动作，此时秦淮新河抽水站上游水位7.20m（吴淞基点，下同），下游水位3.30m，水位差3.3m，39min后，经过盘车再次启动1号机组，电流38A，电流波动依然很大；7：12电流突变至45～49A，1号机组振动加剧，随即停止运行。抽干流道检查发现，1号水泵叶轮有一支叶片折断，邻近另一支叶

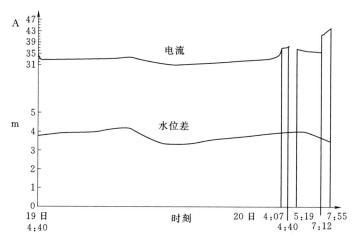

图 3.1　1 号机组电流—水位差曲线图

片进水端部有折断叶片撞击留下的伤痕，叶轮室和水泵前导叶体完好，无擦痕、划痕和伤痕，折断叶片掉落在后导叶体和叶轮之间。折断叶片断裂处距叶片根部最大厚度 48mm，折断叶片边缘距角 10cm 处有一处长 80mm、宽 56～60mm 的伤痕，伤痕深度 0.5～0.8mm，折痕上还留有数条圆周方向条纹，所以不排除叶片受到外力的作用。叶片折断面痕迹崭新，未见裂纹、损伤等陈旧痕迹，在折断面两端各有一个铸造时留下的砂眼，大的砂眼有 $8 \times 10 \times 5 (mm^3)$，小的砂眼直径只有 3mm。抽水站停机后，对 1 号水泵进行解体，吊出叶轮头和折断的叶片，并对流道进行检查，在流道内没有发现树干、木板、石块、铁丝、铁块等大型或硬质杂物，也没有发现止水橡皮、塑料编织袋、棕绳等柔性杂物，以往在其他流道曾发现过此类杂物。

3.6.2　水泵叶片折断原因分析

对于秦淮新河抽水站，水泵叶轮叶片折断可能有以下影响因素：①水泵超工况运行；②叶片角度安放不合理；③叶片制造质量问题；④流道进水口淤积严重，边孔流态差；⑤有硬物进入流道；⑥水泵部件脱落撞击叶轮等。针对以上因素分析如下：

1. 水泵超工况运行

秦淮新河抽水站 1978 年 10 月动工兴建，1982 年 6 月竣工投运。原安装 66QZW－100 型双向卧式轴流泵 5 台，配 JR158－6 型 550kW 卧式异步电机 5 台，装机容量为 2750kW，电机与水泵之间用一级齿轮箱传动，设计流量 40m³/s，灌溉和排涝设计扬程均为 3.5m。2002 年 12 月秦淮新河抽水站进行加固改造时，考虑到建站以来流域灌溉和排涝运行时灌溉扬程从未超过 3.0m、排涝扬程从未超过 1.0m 的实际情况，将水泵的扬程调整为：灌溉 2.5m，排涝 2.0m，这样比较经济和高效。秦淮新河抽水站在 2002 年加固改造时并没有考虑到非汛期为南京市外秦淮河（武定门闸下至三汊河口，全长 12.6km）引江调水运行。

为把外秦淮河建设成美丽的河、流动的河、繁华的河，南京市从 2005 年 7 月开始实施引江调水工程：在长江水位具备自流引水条件时，秦淮新河闸开闸引长江水经武定门闸至外秦淮河,由三汊河口入江;在长江水位不具备自流引水条件时,由秦淮新河抽水站抽引江水抬高秦淮河水位,对南京市外秦淮河实施引江换水。秦淮新河闸在一年中能自流引水的机会并不多,2005—2010 年秦淮新河闸共自流引水开闸引水 81d,引江水 2.77 亿 m^3,其中:2006 年开闸引水 2d,引江水 200 万 m^3;2007 年开闸引水 35d,引江水 1.26 亿 m^3;2009 年开闸引水 1d,引江水 100 万 m^3;2010 年开闸引水 43d,引江水 1.48 亿 m^3。2005 年 7 月—2010 年 12 月,秦淮新河抽水站为外秦淮河引江调水共开机 490d,运行 4.52 万台·h,抽江水 16.3 亿 m^3,秦淮新河抽水站抽水量占总抽引水量的 85.5%,外秦淮河引换水主要是依靠秦淮新河抽水站抽江水来实现;武定门闸为外秦淮引换水开闸 1977d,引换水总量 64.52 亿 m^3,平均每年为南京市外秦淮河引换水量达 326 万 m^3。

秦淮新河抽水站水泵采用的不锈钢(OCr13Ni4CuMo)"S"形双向叶片,强度较高,抗气蚀性能好。在检查时,其他叶片表面光滑,没有发现裂纹、损伤和汽蚀坑,叶片角度调节机构完好,锁定可靠,角度一致。1 号水泵叶片折断有超工况运行的因素,但从叶片折断的现状分析,超工况运行造成的可能性较小。

2. 叶片角度安放不合理

秦淮新河抽水站加固改造时,考虑到水泵设计扬程低,选用的水泵比转速高,这样叶片受的轴向力就小,为提高效率,叶片厚度就薄一些。在长江枯水季度,实际情况是水泵较长时间在中扬程工况运行,处于轴流泵的中比转速状态,叶片承受的轴向力增大,所以,水泵的叶片经常处于满负荷和超负荷状态,为了防止高扬程时电机超功率运行,只能将水泵叶片角度调整为 $-6°\sim7°$。从水泵装置正向性能曲线可以看出[图 1.2(a)],叶片角度为 $-6°\sim7°$ 时正处于马鞍区最上部,是水泵性能最差的区域。水泵采用叶片负角度运行,虽然能减少流量,提高扬程,但是根据轴流泵的轴向力计算公式看,叶片上所受的轴向力与流量关系不大,与扬程有很大关系,高扬程引起的轴向力未能减少。叶片负角度运行承受的轴向力作用也有可能造成叶片损伤或断裂。

3. 叶片制造质量问题

从叶片的折断面分析,除有两个直径不超过 10mm 的砂眼外,叶片折断面结构密实、均匀,并且出厂时经过超声波探伤检测,检查其他水泵也未发现叶片有砂眼、裂纹、变形、磨损、汽蚀等损伤,所以,叶片制造质量应该是合格的。

4. 进水口淤积严重,边孔流态差

秦淮新河抽水站站身为堤身式块基型结构,与秦淮新河节制闸并列布置在秦淮新河上,抽水站在左侧,节制闸在右侧。由于河道中心线即是节制闸中心线,抽水站进出水似一港湾型河道,在节制闸泄洪时,抽水站下游即形成回流区,秦淮新河闸站下游河道是左岸淤积,右岸冲刷,秦淮新河抽水站下游(灌溉运行进水口)淤积厚度在 1.0m 以上。1 号机组是抽水站左边孔,冬季运行时由于水位低,淤积严重,造成进水断面缩小,流态差。在同样工况下,1 号机组比其他机组振动大,电机电流也比其他电机大 5A 左右。不利的运行工况加剧了水泵振动,也是叶片损伤的因素之一。

5. 有硬物进入流道

为满足冬季翻水水泵进口淹没深度,秦淮新河抽水站在改造时加厚了长江侧进水流道顶板,流道进口顶部高程由原 2.45m 降为 2.0m。施工过程中少量混凝土砂浆掉落在门槽和流道进口底板上，因在水下未及时发现和清除，致使拦污栅放不到底，距底有 20cm 的距离。运行时，硬物有可能进入流道，造成水泵叶轮叶片损伤或折断。

6. 水泵部件脱落撞击叶轮

以往曾发生过 2 号水泵叶轮固定螺帽、导水锥导流罩、水导轴承端盖等脱落的事件，虽然没有造成叶轮损伤，但是不能排除是金属硬物损伤叶片的可能，否则折断叶片边缘的摩擦痕迹和折痕上还留有数条圆周方向条纹就无法解释。

3.6.3 水泵叶片折断小结

针对秦淮新河抽水站 1 号水泵叶片折断情况，经分析认为：水泵长期超工况运行、进水条件差、叶片角度安放不合理等因素都有可能造成叶片折断，但从其他水泵叶片的现状和 1 号水泵叶片折断伤痕上留有数条圆周方向条纹分析，叶片受到外力作用造成折断的可能性较大。虽然叶片制造质量是合格的，但不锈钢材料叶片与铸钢材料叶片相比，叶片较脆，在受到硬物撞击时铸钢叶片要优于不锈钢叶片，不锈钢叶片更易折断。因此，1 号水泵叶片折断是硬物撞击叶片的偶然性因素造成的，并不具有普遍性，虽然在流道内没有发现撞击物，但是不能排除撞击物已被水流冲出流道。在目前情况下采取的措施是：①解决 1 号流道下游拦污栅放不到底的问题；②对水泵所有部件进行检查和紧固；③在保证电机不超功率的情况下，将其他 4 台水泵叶片角度尽可能调大；④仍按原样修复 1 号水泵叶片，使 1 号水泵尽快投入运行。

第 4 章 同 心 测 量 与 调 整

4.1 原始同心测量

机组在拆卸完成后，需要对固定部件的原始同心进行测量。测量各主要安装控制面原始高程及推力轴承箱与转轮室中心的相对位置，以便对后续安装进行分析。测量方法：将水泵水导轴承上、下部分，推力轴承箱与底板螺栓按原位置重新连接牢固，在机组前、后两端分别固定装有求心器、磁性座百分表的横梁。求心器钢琴线两端悬挂重锤，初调求心器使钢琴线居于水泵水导轴承前、后承插口止口中心，然后使用内径千分尺电气回路法测量，调整钢琴线至水泵水导轴承前、后承插口止口中心四个方位的距离偏差不大于0.04mm，最后使用内径千分尺及专用加长杆测量水泵水导轴承承插口止口、叶轮室和推力轴承箱三者上、下和左、右四个方位的距离，列表记录。

4.1.1 求心器支架的架设

1. 百分表

百分表是检查各部件之间的互相平行位置及部件表面几何形状正确性的仪表，它是利用齿轮、齿条传动机构，把测头的直线位移变为指针的旋转运动，指针可精确地指示测杆所测量的数据。图 4.1 为百分表。

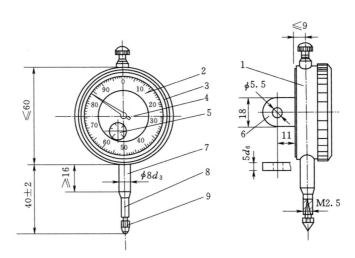

图 4.1　百分表（单位：mm）

1—表体；2—表盘；3—套圈；4—指针；5—转数指示盘；
6—耳环；7—套筒；8—量杆；9—测量头

2. 求心器

求心器是用来找机组中心的专业工具，它由卷筒、托板和转盘组成，如图 4.2 和图 4.3 所示。通过磁性表座，将求心器与两个百分表组合搭建，使百分表的测量头分别垂直于求心器的上托板和下托板。在初始位置时，将百分表的读数归零，这样百分表就指示求心器的上、下、左、右的位移量。使用时将钢琴线绕在卷筒上，通过调节转盘，求心器能够上、下、左、右移动，从而调节钢琴线的位置。由于是卧式机组，需要在泵的尾水管以及电机井两个部位各安装一个求心器支架。

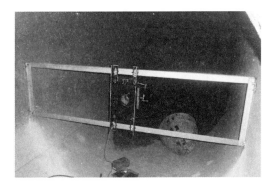

图 4.2　电机井求心器　　　　　　　　　图 4.3　泵井求心器

4.1.2　同心测量原理

水泵机组主要由固定部分和转动部分组成，当电机和水泵本体运转时，理想的状态是转动部分与固定部分重合在一条中心线上，但实际上很难做到。为此，一般两者在允许的设计偏差内运行即可。由于重力和流态不稳造成振动，轴与联轴器连接过程中的制造公差、安装后的累积误差，电机因磁拉力不均匀等原因，泵组转动部分在运行过程中的中心线不再围绕固定部分中心线运转，在转动部分产生偏转，这就是轴线的摆度。

为确保水泵机组轴线摆度符合要求，通过水泵侧水导轴承、电机侧推力及水导轴承固定转动部分，保证其在设计允许的间隙范围内运行。但导轴承会增加轴颈及轴承的磨损。一旦间隙过大，会使机组产生振动和噪声。在机组定期检修与大修过程中，轴线摆度的测量与调整是一项关键性的技术工作。

卧式水泵轴线调整原理为：在上游侧和下游侧挂钢琴线，先以叶轮室中心、过轴孔密封部件两个固定点位置确定固定部分基准轴线，之后以此基准线调整上游侧推力轴承座、下游侧水导轴承的位置，打下定位销后拆除上端盖，即可安装水泵本体及泵轴等转动部分。

电气法同心测量原理以及操作过程（以测量叶轮外壳为例）为：依据平面几何的原理，需要测量 X、Y 两个方位，即水平和竖直方向。按照图 4.4 连接电路，使整个泵壳和电源的一极相连接，电源另外一极通过耳机与中心钢琴线相连接。当叶轮室一极和钢琴线一极通过导电的内径千分尺相连接时，就会形成闭合的回路，耳机就会产生"咯咯咯"的声音。在实际操作中，用内径千分尺的一端接触叶轮外壳上的一个测点，调整内径千分尺

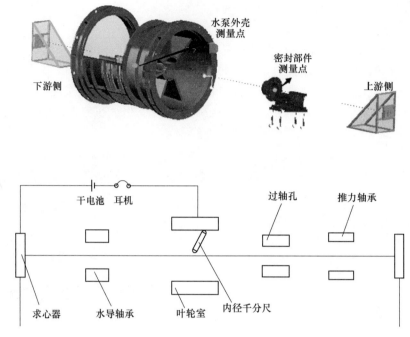

图 4.4　同心测量原理图

的长度，使尺的另一端靠近钢琴线；当听到耳机有声音时，内径千分尺靠近钢琴线一端在钢琴线平面摆动，调整内径千分尺，使得只有一个位置能听到声音，保证千分尺与中心钢琴线垂直相交，此时记下千分尺的读数，得到的读数就是测点距离中心钢琴线的距离。用同样的方法测量其他的测点，将得到的数据记录于表 4.1。

表 4.1　　　　　　　　　　　　　　机组水平同心测量记录　　　　　　年　　月　　日

部　位		方　位					
		上	下	差值	南	北	差值
水导轴承	上游侧						
	下游侧						
叶轮室							
过轴孔							
推力轴承	上游侧						
	下游侧						

注　测量单位为 mm。

4.1.3　原始同心测量流程

原始同心测量流程如图 4.5 所示。

4.1.4　原始同心测量图示说明

原始同心测量时，以水导轴承前后承插口止口为基准确定中心钢琴线的位置，调整钢琴线使四个方位的距离偏差不大于 0.05mm。图 4.6 为水导轴承原始同心测量。

定基准钢琴线时，如果钢琴线偏离中心位置，则需要调整两端求心器的转盘，使钢琴线处于中心位置。图 4.7 为调整求心器。

泵壳上、下部分常用橡胶垫圈或石棉垫圈密封。秦淮新河泵站使用红纸板作为泵壳间的密封材料，在制作时，以叶轮外壳边缘为模子制作红纸板密封垫。图 4.8 为红纸板密封垫的制作。

制作的红纸板密封垫需要穿过连接螺栓，在安装前需要制作螺栓孔，以便于螺栓的顺利安装。图 4.9 为红纸板密封垫螺栓孔制作。

同心测量分为水平方向和竖直方向。在水平方向上，取叶轮外壳下半部分的中心线与边缘线的两个交点作为测点，分别用碳素笔标记，水导轴承同心测量的测点也用同样的方法进行确定。图 4.10 为叶轮外壳水平方向同心测量。

```
┌─────────────────┐
│ 安装导轴承、叶轮室 │
│ 和推力轴承上端盖   │
└─────────────────┘
         │
┌─────────────────┐
│ 架设钢琴线并测量   │
│ 调整叶轮室及过轴孔 │
│ 中心             │
└─────────────────┘
         │
┌─────────────────┐
│ 调整钢琴线确定     │
│ 基准轴线          │
└─────────────────┘
         │
┌─────────────────┐
│ 测量导轴承和推力   │
│ 轴承原始同心      │
└─────────────────┘
```

图 4.5　原始同心测量流程图

图 4.6　水导轴承原始同心测量

图 4.7　调整求心器

图 4.8　用刀片制作红纸板密封垫

图 4.9　红纸板密封垫螺栓孔制作

图 4.10　叶轮外壳水平方向同心测量

用行车将叶轮外壳上半部分吊入泵井，安装定位销，将上、下泵壳的螺栓安装拧紧。图 4.11 为初装叶轮外壳上半部分。

叶轮外壳垂直方向上的测点是最高点和最低点，利用铅直测定器找出叶轮室的这两个点，水平方向上的测点取叶轮室上、下部分边缘的交点。图 4.12 为叶轮室上、下测点测量。

铅直测定器就是一根细绳的一头缠一个铁锥，自然下垂时，它的方向就是重力的方向，也就是竖直方向。图 4.13 为铅直测定器。

找出叶轮外壳的上、下测点，用电测法进行叶轮室同心测量，将测量得到的数据进行记录。图 4.14 为叶轮外壳上、下同心测量。

图 4.11　初装叶轮外壳上半部分

图 4.12　叶轮室上、下测点测量

图 4.13　铅直测定器

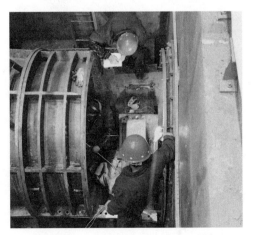

图 4.14　叶轮外壳上、下同心测量

4.2 同心调整

4.2.1 同心调整原理

在安装前机组固定部件的中心应与转动部件的中心重合，各部件的高程和相对间隙应符合规定，固定部分的同心度、高程，转动部分的轴线摆度、垂直度（水平）、水平度、中心、间隙等是影响安装质量的关键，如不进行同心调整，调整导轴承、推力轴承、过轴孔和叶轮外壳的相对位置，使它们保持同心，在运行过程中将造成两个轴承受力不均匀，运行时轴承产生大量热量，机组产生噪声和振动。因此在安装前必须进行同心调整，使其中心尽可能在同一条直线上。同心的质量标准为：导轴承 0.04mm；推力轴承 0.10mm。

调整固定部件的同轴度：根据原始同心测量记录分析，调整叶轮室和导轴承的地脚螺栓和中心钢琴线的位置，得到安装同心，根据安装同心调整推力轴承的位置。

4.2.2 卧式水泵水平度调整

（1）清洗水泵水导轴承体。

（2）将水泵水导轴承体下半部安装在轴承座上。

（3）选择水泵水导轴承体下半部合缝面粗糙度比较高的位置，用框式水平仪放置测量。注意测量时应将框式水平仪调整 180°测量两次，放置位置应相对固定。

（4）通过调整水泵水导轴承体下半部地脚螺栓，保证水泵水导轴承体下半部纵横向水平偏差不超过 0.1mm/m。

方框水平仪是一种测量水平度和垂直度的精密仪器。它是由外表面相互垂直的方形框架及主水准和与主水准垂直的辅助水准组成，如图 4.15 所示。在使用前应进行检验，通常采用"调头"重复测量的方法校正方误差。

4.2.3 同心调整流程

同心调整流程如图 4.16 所示。

4.2.4 同心调整图示说明

分析原始的同心数据，当水导轴承偏离安装中心时，拆下水导轴承体与底座的连接螺栓，通过增减垫片实现对同心的调整。图 4.17 为水导轴承同心调整。

在水平面上，通过调节两端的螺栓控制轴承体的左右移动，实现同心的调整。调整时架设磁性表座，将百分表的触头顶住水导轴承体，在初始位置把百分表的读数归零，监测水导轴承水平方向上的位移。图 4.18 为架设磁性表座监测位移。

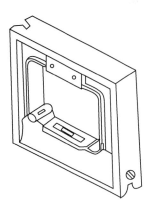

图 4.15 方框水平仪

更换推力轴承，将油冷却的推力轴承更换成水冷却的推力轴承。在确定安装同心后，分离推力轴承的内部结构与推力轴承体，将轴承体进行预安装，通过中心钢琴线确定推力轴承的安装位置。当推力轴承的同心不符合标准时，调整推力轴承底座的螺栓。图 4.19 为初装推力轴承。

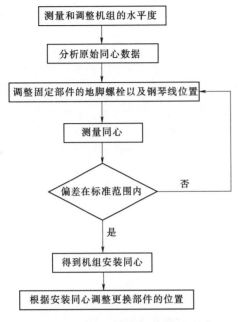

图 4.16 同心调整流程图

图 4.17 水导轴承同心调整

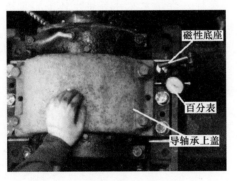

图 4.18 架设磁性表座监测位移

图 4.19 初装推力轴承

第5章 机 组 安 装

机组安装在解体、清理、保养、检修后进行，是一项技术性较强、要求较高、工序复杂的工作。安装的质量直接影响机组后续的运行质量。安装前必须做好准备工作，否则很难顺利按要求完成任务。机组安装应按照先水泵后电动机、先固定部分后转动部分、先零件后部件的原则进行。各部件在安装前，应查对记号或编号，使复装后能保持原配合状态，总装时按记录安装。

安装前的准备工作如下：

（1）安装前要成立安装队伍，明确负责人，合理配置技术人员和安装工人，安装人员必须懂得安装规范，熟练安装方法与步骤，并进行安全知识培训。

（2）准备好安装所需的技术资料，包括设计图、平面布置图、设备图、说明书、工艺操作规程等，安装人员必须熟悉有关的设计资料和图纸。

（3）安装工具准备。安装工具是安装工作中不可缺少的，一般包括测量工具、安装工具和起吊工具等。测量工具包括水准仪、经纬仪、框式水平仪、百分表、卷尺、内径千分尺、外径千分尺、游标卡尺、深度尺、间隙量规或塞尺、铜或铅锤、线锤等；安装工具包括活动扳手、电动套筒扳手、铰刀等旋具、磨光机、千斤顶、台虎钳及厂家提供的安装专用工具等；起吊工具包括吊索、卸扣、吊耳、手拉葫芦等。

（4）材料准备。根据安装工作需要，安装前应准备汽油、黄油、青壳纸、橡胶、油麻绳、棉纱、线绳、油漆、电焊条等易耗材料。

（5）安装平台的布置。在安装前需清理安装机组周围的厂房空间，将设备和部件按一定的方式排列布置，合理的平台布置能够有效减少设备的占地面积，保证工作质量，提高安装效率。

5.1 泵轴与其他部件组装

5.1.1 推力轴承组装

推力轴承是用来承受轴向力的专用轴承。秦淮新河泵站的机组属于卧式泵机组，推力轴承的作用主要是承担机组轴向力，同时也配合水导轴承承受泵机组径向力。

调心滚子轴承和推力调心滚子轴承是推力轴承中最为重要的部件，安装必须在干燥、清洁的环境条件下进行。安装前应仔细检查轴和外壳的配合表面、凸肩的端面、沟槽和连接表面的加工质量。所有配合连接表面必须仔细清洗并除去毛刺，铸件未加工表面必须除净型砂。调心滚子轴承安装前应先用汽油或煤油清洗干净，干燥后使用，并保证良好润滑，轴承一般采用脂润滑，也可采用油润滑。采用脂润滑时，应选用说明书指定标号的润滑脂，润滑脂填充量为轴承及轴承箱容积的 30％～60％，不宜过多。在过盈量较小的情况下，可在常温下用套筒压住轴承衬套端面，用榔头敲打套筒，通过套筒使轴承均匀位移装配。当过盈量较大时，可采用油浴加热或感应器加热轴承方法来安装，加热温度范围为80～100℃，最高不能超过 120℃。同时，应用螺母或其他适当的方法紧固轴承，以防止轴承冷却后宽度方向收缩而使套圈与轴肩之间产生间隙。调心滚子轴承安装后应进行旋转试验，首先进行无负荷、低速运转，然后视运转情况逐步提高旋转速度及负荷，并检测噪声、振动及温升。

推力轴承组装时应注意以下方面：

（1）滚动轴承应清洁、无损伤，滚子和内圈接触应良好，与外圈配合应转动灵活、无卡涩，但不松旷；推力轴承的紧圈与活圈应互相平行，并与轴线垂直。

（2）滚动轴承内圈与轴的配合应松紧适当，轴承外壳应均匀地压住滚动轴承的外圈，不应使轴承产生歪扭。

（3）轴承使用的润滑剂应按制造厂的规定，轴承室的注油量应符合要求。

（4）采用温差法装配滚动轴承，被加热的轴承其温度应不高于 100℃。

（5）进行圆螺母的安装时，由于螺母的直径较大，容易出现卡滞，这时应松动螺母，重新配合安装。圆螺母的拆卸和安装要用专用的钩形扳手，严禁使用錾子击打，在钩形扳手使用不便的场合，允许使用钝刃的錾子安装，但要注意控制力度。

5.1.2　调节机构泵联轴器组装

叶片角度调节机构位于齿轮箱和泵轴之间，两端需要由两个联轴器进行连接，其中一个联轴器需要在泵轴未吊装之前与泵轴组装，其与泵轴的配合属于过盈配合。过盈配合是指将轴或轴套类的零件装入孔中，轴或轴套的直径比孔径大。过盈配合同轴性好，能承受较大的轴向力、扭矩及动载荷，但对配合表面的加工精度要求较高，装配以及拆卸不方便。过盈配合装配方法有常温压装、热装和冷装三种。本次安装采用热装，热装法运用了物体热胀原理，在安装时加热包容件（孔件），使其膨胀增大到一定的数值，再将相配合的包容件（轴件）装入包容件中，孔件冷却后，轴件就被紧紧地抱住，产生很大的连接强度，达到安装配合的要求。

1．热装法的注意事项

（1）做好热装前的准备工作，以保证热装工序的顺利完成。

1）加热温度 T 的计算公式为

$$T=(\sigma+\delta)/ad+T_1 \tag{5.1}$$

式中　d——配合公称直径，mm；

　　　a——加热零件材料线膨胀系数，1/℃，常用材料线膨胀系数见有关手册；

　　　σ——配合尺寸的最大过盈量，mm；

　　　δ——所需热装间隙，mm，当 $d\leqslant200$mm 时，δ 取（1～2）σ；当 $d>200$mm 时，

　　　　　δ 取（0.001～0.0015）d；

　　　T_1——室温，℃。

2）加热时间按零件厚 10mm 需加热 10min 估算。厚度值按零件轴向和径向尺寸小者

计算。

3）保温时间按加热时间的 1/4 估算。

（2）包容件加热。膨胀量达到要求后，要迅速清理包容件和被包件的配合表面，然后立即进行热装。要求操作动作迅速准确，一次热装到位，中途不能停顿。若发生异常，不允许强迫装入，必须排除故障，重新加热再进行热装。

（3）零件热装后，采用拉、压、顶等可靠措施使热装件靠近被包容件轴向定位面。零件冷却后，其间隙不得大于配合长度的 1/1000。

（4）在加热的过程中需要经常性地使用温度计测量温度，严格控制温升速度，使之升温均匀。

2. 热装法的加热方法

（1）热浸加热法。通常是把零件放入热机油（或水）中加热。

（2）火焰法。多用于小型零件加热，温度不易控制。

（3）固体燃料加热。加热温度不易控制，有炉火飞扬，较落后。

（4）煤气加热。适合有煤气源的场合。

（5）电阻加热。用镍铬电阻丝绕在石棉管上加热，也可以在电炉内加热，零部件外部可用石棉板盖上，适合精密设备或易燃易爆场所。

（6）电感应加热。利用电磁感应在零件内产生的涡电流加热零件，该法操作简单、加热均匀、没有炉灰、温度容易控制，适合精密或者大型零件加热。

5.1.3 拉杆组装

轴流泵是高比转速的水泵，流量大、扬程低、高效区窄。当工况变化，如扬程提高时易进入性能不稳定区，此时水泵效率急剧降低，泵易发生振动和空蚀，有时被迫停机，甚至损坏。为了扩大轴流泵的工况，极有必要改变泵的叶片安放角。秦淮新河泵站采用的是机械式叶片调节机构，用机械方式旋转蜗杆，带动蜗轮，通过穿插在泵轴内部的拉杆将力矩传递给叶轮体，达到改变叶片安放角的目的。

拉杆的安装需要在泵轴吊装之前，在厂房的空旷处，将泵轴用支架固定在水平面上，利用行车水平吊装拉杆作为支撑，将拉杆带有螺纹的一端插入泵轴叶轮端的中心孔，直至拉杆到达合适的位置。

5.1.4 泵轴部件组装流程

泵轴部件组装流程如图 5.1 所示。

5.1.5 泵轴部件组装图示说明

本次检修，泵轴进行了返厂维修，在返厂后，还需对泵轴浸泡于水中的部分涂抹防腐涂料。该涂料由新型环氧重反腐稀释剂、新型环氧重反腐固化剂和新型环氧重防腐涂料三种原料混合而成。图 5.2 为返厂维修后的泵轴。

将填料盒涂抹防腐涂料，通过行车与泵轴进行组装，其上没有与泵轴的紧固部件，因此在吊装泵轴时应注意填料位置。图 5.3 为填料盒组装。

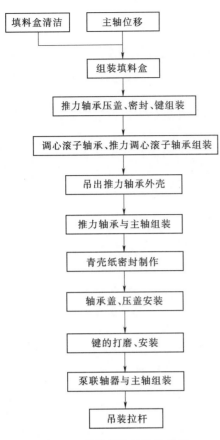

图 5.1　泵轴部件组装流程图

图 5.2　返厂维修后的泵轴

图 5.3　填料盒组装

按照靠近泵井距离远近，由近到远依次安装推力轴承部件，首先安装压盖、J型密封圈、轴承端盖，如图 5.4 所示。

为了便于安装轴承，需要保持泵轴表面的干净，并均匀涂抹润滑油，安装键。图 5.5 为涂抹润滑油。

图 5.4　安装压盖、J型密封圈

图 5.5　涂抹润滑油

在滚子轴承两端用铜锤传力，用铁锤敲打铜锤，借此安装滚子轴承。安装时，两端要同时用力，使轴承均匀前进，避免出现卡滞。图5.6为安装调心滚子轴承。

利用铜质地较软的特点，用铜锤安装推力调心滚子轴承键，不能使用铁锤，否则容易损坏部件。图5.7为键的安装。

图5.6　安装调心滚子轴承

图5.7　键的安装

安装推力调心滚子轴承。与调心滚子轴承不同，推力调心滚子轴承既能承受径向力，也能承受轴向力。图5.8为安装推力调心滚子轴承。

圆螺母的作用是固定推力轴承的内部结构，轴承使用双圆螺母配合进行紧固，保证了稳定性。紧固圆螺母时需要使用专门钩形扳手工具。图5.9为圆螺母安装。

图5.8　安装推力调心滚子轴承

图5.9　圆螺母安装

安装完内部部件，将推力轴承底座和上盖从电机井测吊出，由于推力轴承属于泵的重要且精密部件，需要保证内部的清洁，在最后组装前用汽油清洁。图5.10为推力轴承内部清洁。

组装推力轴承底座，在推力轴承上盖安装吊环，用行车将轴承盖与轴承座组合，并插入定位销钉。轴承盖和轴承底座通过 6 个螺栓连接，用电动扳手工具安装，螺栓紧固时应遵循螺栓紧固的相关准则进行。图 5.11 为推力轴承底座组装，图 5.12 为推力轴承上盖组装。

在安装轴承端盖时推力轴承需要使用耐油纸垫进行密封。秦淮新河泵站使用的密封材料为青壳纸，青壳纸具有柔韧性好、耐水、耐磨、耐油脂等特点。图 5.13 为青壳纸密封制作。

图 5.10　推力轴承内部清洁

图 5.11　推力轴承底座组装

图 5.12　推力轴承上盖组装

图 5.13　青壳纸密封制作

制作青壳纸上的螺栓孔时要注意孔的大小，不能过大或是过小，过大则纸质密封容易移动，过小则螺栓不能穿过。图 5.14 为螺栓孔制作。

为了进一步保证密封性能，安装时需要在纸质密封上涂抹耐油硅酮密封胶，并涂抹均匀。图 5.15 为涂抹密封胶。

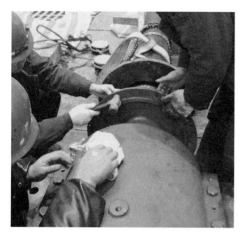

图 5.14　螺栓孔制作　　　　　　　　　图 5.15　涂抹耐油硅酮密封胶

端盖与轴承体由 8 颗螺栓圆形分布连接。图 5.16 为端盖螺栓紧固。

在轴承端盖外还有 J 型密封配合压盖组合进行密封，J 型密封的材质是橡胶，其紧密贴合泵轴，用脂枪在间隙处注入黄油就能达到良好的密封和润滑效果。图 5.17 为压盖安装。

图 5.16　端盖螺栓紧固　　　　　　　　图 5.17　压盖安装

在安装调节机构联轴器的键前转动泵轴，使键槽正面朝上。图 5.18 为键的安装。

用烃氧焊枪加热调节机构联轴器，用温度计测量温度，温度达到 200℃时停止加热。烃氧焊枪的温度较高，较为危险，在加热时应保持足够的安全距离。图 5.19 为加热调节机构联轴器。

将加热膨胀的调节机构联轴器隔着木板用锤子敲入泵轴，切忌直接用铁锤敲打。安装时应快速，防止还未安装到位部件就已冷却。图5.20 为调节机构联轴器安装。

图 5.18　键的安装

图 5.19 加热调节机构联轴器　　　　图 5.20 调节机构联轴器安装

5.2 泵轴吊装

5.2.1 泵轴吊装注意事项

必须根据工程的具体情况，制订泵轴吊装的操作方案和安全技术措施，对行车各项性能要预先检查、测试，并逐一核实，吊装工作应与其他安装工作密切配合，互相协调，从而加快工程进度、保证安装质量、实现安全生产。在安装完泵轴上的部件之后，泵轴的重心会发生位移，由于只有一个行车，需要用两个 5t 载荷的手拉葫芦把主吊钩变成两个，再在泵轴两端的合适位置系上宽吊带（有利于保持平衡），微微地吊起泵轴，观察泵轴是否能够处于平稳状态，否则需要移动吊带的位置，直至泵轴平衡。待泵轴平衡，缓缓地移动行车，将泵轴吊往机坑。

1. 吊装的注意事项

泵轴部件是一个长度长、质量重的部件，由于泵轴部件外形的特殊性，给吊装工作带来了一定的难度和危险性，吊装工作中应格外注意如下问题：

（1）吊装前要认真检查所使用的工具，如钢丝绳、滑轮等是否符合使用要求，凡不符合规定标准的不得使用，如发现钢丝绳有断股、断丝超过规定，锈蚀严重，直径不够等，应立即更换。

（2）在用行车吊装部件时要注意不能让钢丝绳等吊具直接接触吊件，钢丝绳与吊件棱角接触处应垫弧度钢板或木保护角，以免吊件棱角磨钢丝绳。

（3）吊装过程中必须找准重心，做到平起平落，切忌倾斜；应尽可能保持小的起吊高度，以便地面吊装人员控制。

（4）起吊时应先吊起少许，使其产生动荷重，以检查绳结，同时用木棍或钢撬棍敲击钢丝绳，使其紧靠到位，受力均匀，并且检查吊绳的合力点是否通过泵轴中心、泵轴是否水平等。

（5）吊运重物所用的机械、工具，均应经过验算或试验，合格后才能使用。

（6）起吊工作应由专人统一指挥，信号要清晰简明。

（7）严格执行各种操作规程，吊装区域应有明显标志，未经许可，不能进入。

（8）严禁以设备、脚手架、脚手平台等作为起吊重物的承力点，凡利用建筑结构起吊或运输重件者应进行验算。

2. 手拉葫芦使用的注意事项

（1）严禁斜拉超载使用，严禁用人力以外的其他动力操作。

（2）在使用前须确认机件完好无损，传动部分及起重链条润滑良好，空转情况正常。起吊前检查上、下吊钩是否挂牢；起重链条应垂直悬挂，不得有错扭的链环；双行链的下吊钩架不得翻转。

（3）操作者应站在与手链轮同一平面内搓动手链条，使手链轮沿顺时针方向旋转，即可使重物上升；反向搓动手链条，重物即可缓缓下降。在起吊重物时，严禁人员在重物下做任何工作或行走动作，以免发生重大事故。

（4）在起吊过程中，无论重物上升或下降，搓动手链条时，用力应均匀和缓，不要用力过猛，以免手链条跳动或卡环。

（5）如发现手拉力大于正常拉力时，应立即停止使用。防止破坏内部结构，以防发生坠物事故。待重物安全稳固着陆后，再取下手拉葫芦下钩。

在泵轴安装过程中，需要穿过比较狭小的过轴孔，为了使泵轴不受损，要求泵轴在安装的过程中不能碰撞过轴孔或者其他实体部件。如果使用行车直接吊装，不能实现精确位移，极易撞伤泵轴，也不利于精确安装。安装时，行车用来支撑泵轴，泵轴的两端各安装一个手拉葫芦，分别固定在泵井侧和电机井侧，用来控制泵轴的水平位移，保持泵轴的稳定，通过泵井侧手拉葫芦的收紧配合电机井侧手拉葫芦的放松，实现泵轴水平缓慢地平移，进而将泵轴安装到位。

5.2.2 泵轴吊装流程

泵轴吊装流程如图 5.21 所示。

5.2.3 泵轴吊装图示说明

泵轴吊装电机井侧用行车支撑泵轴，用手拉葫芦控制位移。图 5.22 为电机井侧泵轴吊装。

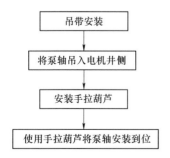

图 5.21 泵轴吊装流程图

图 5.22 电机井侧泵轴吊装

泵轴安装时泵井侧缓慢顺时针拉动链条，配合电机井逆时针拉动链条，使泵轴缓慢安装到位。图 5.23 为泵井侧泵轴安装。

初次安装泵轴时需要将泵轴往泵井侧偏移，便于后续泵轴与叶轮连接。图 5.24 为泵轴安装到位。

图 5.23　泵井侧泵轴安装　　　　　　　　　　　　图 5.24　泵轴安装到位

5.3　水导轴承和叶轮吊装

5.3.1　水导轴承和叶轮组装

水导轴承是大型水泵的关键部位，起着承受水泵转动部件径向力、稳定叶轮转动的重要作用。水导轴承位于叶轮的下游，其中间穿过短轴，由于常年浸泡在水中，需注意其密封，防止带有泥沙的河水进入水导轴承。水导轴承主要由轴承体、轴承座、轴承盖和轴承端盖等组成。轴承属于水润滑弹性金属塑料轴承，在安装前，需要先将轴承体和叶轮进行组合，并安好密封，装上密封压板，再联合叶轮体一起吊装。

5.3.2　水导轴承和叶轮联合吊装

叶轮部件是泵的重要且重量较大的部件，吊装的要求参见泵轴吊装。叶轮部件吊装需要两个承受力的点位，其中一个是叶片部位，另外一个是短轴部位，通过两个手拉葫芦的组合，使叶轮部件保持水平并维持平衡，缓慢平稳地操作行车，将叶轮部件移动到水泵井。叶片是整个泵最为精密且脆弱的部分，而且体积较大，在安装时应该格外注意叶片的安全，在移动过程中绝对不能与其他物体直接碰撞。水导轴承体与短轴之间的配合不紧固，会发生相对位移，因此需要时刻保持短轴水平，避免因为惯性而导致的轴承体位移。安装水导轴承盖和轴承体上半部，用塞尺测量水泵水导轴承上部间隙并记录。

5.3.3　叶轮与泵轴组装

叶轮体吊泵井后，需要将其与泵轴进行组装。叶轮部件和泵轴有双重连接，第一重是拉杆与叶轮部件通过 6 个直径为 20mm 的螺栓连接，第二重是泵轴与叶轮部件通过 8 个直径为 36mm 的双头螺栓进行连接。叶轮背面的轮毂面和主轴轴端面加工成配对法兰盘，用高强度螺栓将叶轮与主轴连接在一起，螺栓拧紧后产生预紧力，使得叶轮与主轴之间的接触面产生摩擦，依靠摩擦力来传递扭矩。法兰盘结构简单，但需要经过复杂的计算，分析整个结构的受力情况。对于受拉螺栓，主要破坏形式是螺纹部分发生断裂，因此需要保证螺纹挤压强度和剪切强度满足使用要求。如果螺栓预紧力不够，叶轮与主轴会发生相对位移，导致转子的动平衡被破坏；如果螺栓预紧力过大，则会对叶轮、主轴及螺栓造成破坏。

5.3.4 叶轮耐压密封试验

由于叶轮在运转时周围是水体，如果密封性达不到要求就会发生渗水，对机组的稳定安全运行造成影响。安装完成叶轮部件，需要对叶轮体进行耐压密封试验。原理是用真空泵对叶轮部件抽真空，当真空度为 0.5MPa 时，真空泵停止工作，观察真空表的读数是否有变化。如果基本无变化，则证明密封性良好；如果读数下降较快，则说明密封性不够，需要分析找出原因，并进行处理。

5.3.5 水导轴承和叶轮吊装流程

水导轴承和叶轮吊装流程图如图 5.25 所示。

5.3.6 水导轴承和叶轮图示说明

机组大修，叶轮部件部分若需返厂维修，主要对叶轮部件进行动平衡和静平衡校验以及表面打磨抛光和刷漆。在移动叶轮部件时，用行车手拉葫芦配合在叶轮上形成两个支撑点，拉动手拉葫芦链条，抬高叶轮一端，使叶轮由竖直状态变成横向状态。图 5.26 为移动叶轮部件。

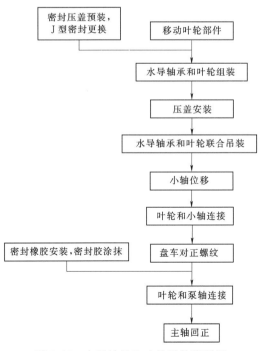

图 5.25 水导轴承和叶轮吊装流程图

图 5.26 移动叶轮部件

将叶轮体放置在专用的支架上，便于后续与水导轴承的组装。图 5.27 为放置叶轮部件。

先将水导轴承密封压盖与短轴组装，如图 5.28 所示。

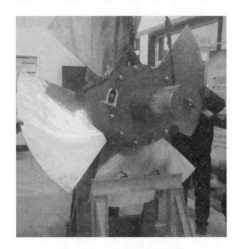

图 5.27　放置叶轮部件　　　　　　　　图 5.28　密封压盖与短轴组装

在叶轮体短轴与水导轴承组合前，需保证短轴表面干净整洁，没有毛刺，否则不利于安装甚至会对机组的运行产生影响。图 5.29 为打磨短轴表面。

秦淮新河泵站使用青壳纸作为水导轴承密封材料，制作时以水导轴承为模子，用青壳纸为原材料制作纸质密封圈。图 5.30 为纸质密封圈制作。

图 5.29　打磨短轴表面　　　　　　　　图 5.30　纸质密封圈制作

用行车作为支撑，承受水导轴承的重量，人工缓慢安装水导轴承。图 5.31 为水导轴承与叶轮部件组装。图 5.32 为水导轴承组装到位。

安装 J 型密封圈，在水导轴承密封面均匀涂抹耐油硅酮密封胶，贴上纸质密封圈，在纸质密封上再均匀涂抹耐油硅酮密封胶。图 5.33 为涂抹密封胶。

按照螺栓紧固原则和顺序，用扳手拧紧水导轴承压盖上的 6 颗螺栓。图 5.34 为水导轴承压盖螺栓安装。

图 5.31　水导轴承与叶轮部件组装

图 5.32　水导轴承组装到位

图 5.33　涂抹密封胶

图 5.34　水导轴承压盖螺栓安装

　　将组装后的叶轮部件和水导轴承用行车吊入泵井叶轮室，泵轴一端用手拉葫芦抬高泵轴连接面，使之与叶轮体连接面处于平行等高状态。图 5.35 为吊装叶轮部件与水导轴承。

　　叶轮体与泵轴有两个部分的连接，按照由里到外的原则，首先进行拉杆与叶轮体的连接，连接前，需要用撬棍将拉杆与泵轴分离。图 5.36 为泵轴与拉杆分离。

　　通过手拉葫芦，更为精确地控制叶轮体和泵轴，使连接面逐渐紧靠，当位置合适时，安装拉杆与叶轮体的连接螺栓。图 5.37 为调整叶轮体姿态。图 5.38 为安装拉杆与叶轮连接螺栓。

　　在泵联轴器上插入两个螺栓，形成两个支点，用撬棍穿过两个螺栓进行人工盘车，使泵轴连接面上的螺栓孔中心与叶轮体的螺纹孔中心对齐。图 5.39 为人工盘车。

　　紧固双头螺栓与叶轮一端的螺纹，在连接面上涂抹密封蓝胶，并安放橡胶密封圈。图 5.40 为连接泵轴与叶轮。

　　用千斤顶给叶轮体短轴端施加推力，使叶轮体缓慢移动，直到叶轮体面和泵轴面法兰面完全接触，这时泵轴也会向电机井侧移动，为了给安装螺母留有空间，需要用手拉葫芦将泵轴再次拉向泵井侧一段合适距离。图 5.41 为用千斤顶移动叶轮。

图 5.35 吊装叶轮部件与水导轴承

图 5.36 泵轴与拉杆分离

图 5.37 调整叶轮体姿态

图 5.38 安装拉杆与叶轮连接螺栓

图 5.39 人工盘车

图 5.40 连接泵轴与叶轮

安装4个圆柱形定位销,按照顺序紧固双头螺栓对应的螺母,为了便于紧固,需要人工盘车改变螺母的方位。图5.42为拧紧螺母。

图5.41 用千斤顶移动叶轮 图5.42 拧紧螺母

在组装完叶轮体和泵轴后,需要用手拉葫芦重新将泵轴拉回正确的位置。图5.43为泵轴回正后的推力轴承。

进行叶轮耐压密封试验最关键的是保证真空泵与叶轮接触部分的密封性,在试验时,用密封橡胶与蓝胶配合密封。图5.44为制作密封橡胶圈。

图5.43 泵轴回正后的推力轴承 图5.44 制作密封橡胶圈

为了保证叶轮耐压密封试验的准确性,需要装置连接部件尽量密封,在联轴器面和装置接触面上分别涂抹密封蓝胶,减少接触面的间隙,从而提高密封性能。图5.45为涂抹密封蓝胶。

将真空泵以及配合部件安装到位,接通真空泵电源,直到真空度达到0.5MPa。图5.46为叶轮耐压密封试验现场。

图 5.45　涂抹密封蓝胶

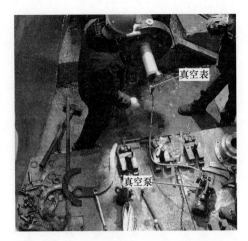

图 5.46　叶轮耐压密封试验现场

5.4　调节机构安装

秦淮新河泵站使用的调节机构属于机械式调节机构，其最重要的结构是蜗轮、蜗杆构成的减速机。蜗杆通过齿轮啮合带动蜗轮旋转，再通过拉杆传递到叶轮体，实现叶片角度的调节。这种调节方式调节的能力有限，而且只能在停机时进行调节，但也具有一定的优点：可以得到较大的传动比，体积外形轻便；具有自锁性；安装简易、灵活轻便、性能优越，易于维护检修。

5.4.1　调节机构轴承垫、轴承盒安装

轴承垫和轴承盒一起由 6 个双头螺柱和螺母配合与泵联轴器连接，轴承垫的质量较轻，可以直接进行安装，轴承盒与轴承垫相互配合，它们中间夹着蜗轮，使蜗轮的位置不会发生变化，只与拉杆一起发生旋转。

5.4.2　蜗轮、蜗杆安装

蜗轮是整个调节机构较为重要的部件，它与拉杆通过螺纹进行连接，在安装前需要注意以下事项：

（1）蜗轮、蜗杆齿形表面不得有裂纹、毛刺、严重划伤等缺陷。

（2）蜗轮、蜗杆应正确啮合，啮合接触面积应符合要求。正确的接触位置应接近蜗杆出口处，不得左右偏移。

（3）蜗轮、蜗杆啮合的侧间隙应符合表 5.1 规定。侧间隙可用千分表法测量。

（4）蜗轮、蜗杆中心距偏差，其极限偏差量应符合规定。可用芯棒法测量。

（5）蜗轮、蜗杆安装完成后需检查转动的灵活性，蜗杆在任何位置上所需的转动力应基本一致。

表 5.1			蜗轮、蜗杆啮合的侧间隙			单位：mm
项目	中 心 距					
	41～80	81～160	161～320	321～630	633～1250	＞1250
侧间隙	0.095	0.130	0.190	0.260	0.380	0.530
	0.190	0.260	0.380	0.530	0.750	1.100

5.4.3 蜗轮箱安装

蜗轮箱是调节机构的外部结构，它连接两端的联轴器，并固定蜗杆。安装前需要注意蜗杆孔与轴承盒上露出的蜗轮的位置，两者应该相对应，否则无法安装蜗杆。由于另一端的联轴器安装是在后续的工作中，因此蜗轮箱与泵联轴器只需均匀安装 3 个螺栓固定即可。

5.4.4 调节机构安装流程

调节机构安装流程如图 5.47 所示。

5.4.5 调节机构安装图示说明

利用油渍溶于有机物的原理，用汽油去除残留于拉杆螺纹上的油渍，而且汽油有易挥发，不会残留的优点。由于汽油是易燃液体，使用需格外注意安全。图 5.48 为用汽油清洁拉杆螺纹。

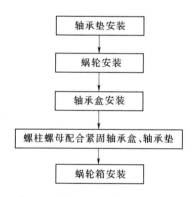

图 5.47　调节机构安装流程图

图 5.48　用汽油清洁拉杆螺纹

用铜锤安装轴承垫，需要安装数个螺栓使螺纹孔位对齐，注意要均匀用力，均匀前进。当安装失败时，用顶丝的方法取出轴承垫重新安装。图 5.49 为轴承垫安装。

蜗轮是调节机构重要的传导部件，它有两部分的螺纹，为了后续调节叶片角度，蜗轮必须要光洁。图 5.50 为清洁蜗轮。

蜗轮通过内部螺纹与拉杆连接，为了安全和保持蜗轮的光洁，安装人员需要戴干净的白手套，顺时针反向旋转安装蜗轮。图 5.51 为安装蜗轮。

安装蜗轮时在蜗轮表面螺纹和轴承处涂抹黄油，注意涂抹的量不宜过多。图 5.52 为在蜗轮上涂抹黄油。

图 5.49　轴承垫安装

图 5.50　清洁蜗轮

图 5.51　安装蜗轮

图 5.52　在蜗轮上涂抹黄油

蜗轮外面是轴承盒，轴承盒起固定蜗轮的作用，它由 6 个双头螺栓和轴承垫连接。图 5.53 为安装轴承盒。

蜗轮箱安装用行车进行辅助，由于调节机构后续还需要调整摆度，安装时，只需安装 3 个互成 120°方向的螺栓进行固定，螺栓长度较长，螺帽端需要安放螺栓套。图 5.54 为蜗轮箱安装。

图 5.53　安装轴承盒

图 5.54　蜗轮箱安装

蜗杆安装前也需要用汽油清洁。图 5.55 为用汽油清洁蜗杆。

安装蜗杆分为两个部分,第一个是没有螺旋齿部分直接将蜗杆穿进蜗杆孔,第二个是啮合部分转动蜗杆进行安装。安装过程要缓慢进行,否则会划伤蜗杆。图 5.56 为蜗杆安装。

图 5.55　用汽油清洁蜗杆　　　　　　　　图 5.56　蜗杆安装

蜗杆两端由两个蜗杆套固定,能够限制蜗杆横向位移,安装时需要用到内六角扳手紧固六个内六角螺栓。图 5.57 为蜗杆套安装。

调节机构的指针是指示叶片调节角度的部件,其由两个 M30 螺母进行固定。图 5.58 为安装完成的调节机构内部结构。

图 5.57　蜗杆套安装　　　　　　　图 5.58　安装完成的调节机构内部结构

5.5　叶轮外缘间隙测量

5.5.1　叶轮外缘间隙初测

在安装完转轮后,需要进行的下一个程序是测量调整叶片外缘间隙。为了测量间隙,需要重新吊装叶轮室外壳上半部分。为了得到准确的测量数据,减少因泵壳安装精度而产生的误差,需要保证泵壳安装到位。接着通过盘车,使 1 号叶片位于正上方,其他叶片分别位于正南、正北和正下方。准备工作完成后，用塞尺测量四个叶片外缘在四个方位的上、中、下游侧的间隙，并分别比较上、下侧和南、北侧的间隙。

1. 叶轮外缘间隙测量要求

轴流泵检修时，应测定叶片与外壳间隙。测定方法：将叶片按顺序编成 1、2、3、4 四个编号，然后手动盘车，需要记录上、下、南、北四个方位，用塞尺逐个测量其间隙的大小和每片叶片在上游、中部、下游三个部位与叶轮外壳之间的间隙，并记录在表 5.2 中。质量标准：叶片间隙（最大/最小－平均）/平均≤±20%。叶片间隙要求四周均匀，但由于转动部分有轴向力和水推力，抽水运行时叶轮会略有下降，故要求叶片下部间隙最好略大于上部间隙，这样抽水运行时上、下部间隙才会相等。

表 5.2　　　　　　　　　　　　　机组叶轮外缘间隙测量记录

叶片角度：　　　　　年　　　月　　　日

方位＼部位（叶片编号）					
上	上游侧				
	中部				
	下游侧				
下	上游侧				
	中部				
	下游侧				
南	上游侧				
	下游侧				
北	上游侧				
	下游侧				
叶轮中心					

注　1. 测量单位为 mm。

　　2. 质量标准：叶片外缘间隙（最大/最小－平均）/平均≤±20%，叶轮中心±(2～3)mm。

2. 叶轮外缘间隙不均匀的具体分析

（1）在同一方位上叶片间隙均偏大或偏小，一般是叶轮外壳不同心，或变形失圆产生的，可用千斤顶或错位调整器进行调节。

（2）同一叶片在叶轮外壳的四周间隙偏大或偏小，这反映出叶片外圆失圆，安装前对叶片外圆进行测量，测量应用专用叶片测圆工具。

（3）叶片上、下部间隙不均匀，上部间隙太大。

（4）由于叶片安装时，密封环处存在轴向间隙误差。尽管叶轮间隙在测量时是合格的，但在运行时由于离心力的作用，叶片会向外胀开，仍会使间隙不均匀。因此，在测量前最好用楔铁撑胀叶片，然后进行测量，以保证测量结果的真实性。

（5）叶片间隙不均匀，除了本身的缺陷外，也是对安装工序中垂直、同心、定中心等质量的检查。

5.5.2　叶轮外缘间隙复核

为了适应不同的运行状况，本泵站机组的叶片角度可以进行调整，因此，在初步测量和调整叶片与叶轮体的间隙之后，需要调节叶片的角度，来进一步测量叶片上、下、南、北四个方位，用塞尺逐个测量其间隙的大小，测量每片叶片在上游、中部、下游三个部位与叶轮外缘间隙。当调整完叶片的角度后，间隙的测量结果仍然能够满足标准，则叶片与外壳的间隙合格。

5.5.3　叶片间隙测量流程

叶片间隙测量流程如图 5.59 所示。

5.5.4　叶轮外缘间隙测量图示说明

安装叶轮室外壳上半部分，紧固外壳连接螺栓，用塞尺初次测量记录叶片外缘四个方位的间隙。图 5.60 为初次测量叶轮外缘间隙。

叶片外缘间隙复核时，需要改变叶片的角度。由于已经初步安装调节机构，用扳手转动调节机构的蜗杆（图 5.61），就能改变叶片的角度。

测量每个叶片在东、西、南、北四个方位上的间隙，需要人工盘车转动泵轴，改变叶片的方位。为了保证测量的准确性，需要保证每个叶片所在的位置正好处于所需的位置上，由于位于两个井，人工盘车的速度宜慢不宜快，两侧安装人员要及时沟通。图 5.62 为人工盘车。

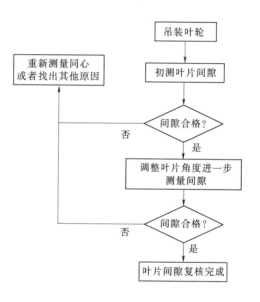

图 5.59　叶片间隙测量流程图

在每个叶片角度下，将测量的数据记录在表 5.2 中。图 5.63 为叶轮外缘间隙复核。

图 5.60　初次测量叶轮外缘间隙

图 5.61　转动调节机构蜗杆

图 5.62　人工盘车

图 5.63　叶轮外缘间隙复核

5.6　泵体与密封部件安装

5.6.1　外壳吊装

　　检修时拆下的泵壳有两段，第一段是叶轮室外壳上半部分，第二段是前锥管上半部分。前椎管上半部分有一段需要插入座环，因此前椎管上半部分不能直接吊入，需要用千斤顶产生横向的位移才能安装到位。在测量完成叶片间隙后需要将叶轮室外壳用行车吊出，为安装前锥管让出空间。

　　前锥管上半部分吊入之前，用撬棍将压环部分完全撬出，以保证安装的通畅。以前锥管上半部分地脚为模子，制作两个红纸板密封垫，用火去除密封垫上的毛漬，在下前锥管的接触面上均匀涂上中性防霉硅酮胶，将制作好的密封垫安放在下前锥管上。应注意每个密封垫对应的位置，再在密封垫上均匀涂上中性防霉硅酮胶。用行车配合手拉葫芦将前锥管上半部分吊入泵井，缓缓将前锥管上、下两个部分接触，然后用千斤顶使前锥管上半部分横向位移，直到上、下两个部分完全到达相互配合状态。在这个过程中应该注意密封垫的位置不能产生移动以及上、下两部分应该完全对正。

　　与前锥管上半部分一样，叶轮外壳上半部分同样需要制作安放红纸板密封垫和涂中性防霉硅酮胶。除此之外，叶轮外壳上半部分吊装前需要清理更换其和导叶体间的密封橡胶，在密封橡胶和连接结构上涂上中性防霉硅酮胶，然后将叶轮室外壳吊装到位。

5.6.2　螺栓安装

　　水平方向前锥管上半部分和叶轮室外壳上半部分每侧共有 4 个定位销钉和 10 个 27mm 的螺栓与前锥管下半部分和叶轮室外壳下半部分连接，前锥管上半部分和叶轮室外壳上半部分之间以及叶轮室外壳上半部分和导叶体之间各自通过 24 颗 27mm 的螺栓连接。在安装时，应该先固定定位销，然后再安装螺栓。

　　螺栓紧固前应检查螺栓和螺纹孔是否干净、生锈，有无毛刺，螺栓紧固时应按照一定的顺序和原则：①按先中间、后两边、对角顺时针方向依次、分阶段紧固，具体的紧固顺序如图 5.64 所示；②螺栓装配时应配用套筒扳手、梅花扳手、开口扳手和专用扳手，一般分为两段紧固，第一步拧 50% 左右的力矩，第二步拧 100% 的力矩；③螺栓安装时，在螺纹处应涂上铅油，螺纹伸出一般以 2～3 牙为宜，以免锈蚀后难以拆卸；④连接部件的螺栓、螺帽均应按设计要求锁定或点焊牢固。有预应力要求的连接螺栓应测量紧度，并应符合设计要求。部件安装定位后，应按设计要求装好定位销。

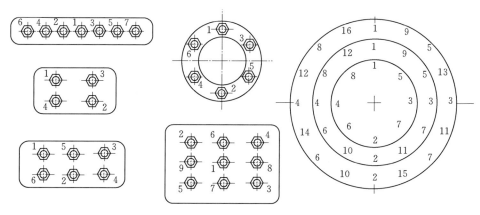

图 5.64　螺栓紧固顺序图

5.6.3　密封安装

整个泵的密封主要由两个部分组成，第一个是过轴孔处的密封，第二个是前锥管和底座座环之间的密封。

过轴孔处的密封部件主要由密封底座、填料盒、密封填料、填料压盖、积水圈组成。密封底座是在最初安装时与建筑固定在一起的。填料盒和密封底座通过双头螺柱连接，用螺母紧固。密封填料是聚四氟乙烯纤维盘根，需要在填料盒中安装 3～4 道，填料安装完成后，需要用填料压盖压紧。压盖由两瓣组成，每瓣分别安装，再用螺栓进行连接。积水圈则由 3 个螺栓与填料盒进行连接。填料密封的安装要求为：①填料盒内侧，挡环与轴套的单侧径向间隙应为 0.25～0.50mm；②水封孔道畅通，水封环应对准水封进水孔；③填料接口严密，两端搭接角度一般宜为 45°，相邻两层填料接口宜错开 120°～180°；④填料压盖应松紧适当，与轴周径向间隙应均匀。

前锥管和底座座环之间的密封主要由底座、座环、密封圈、压环组成，密封圈是两道橡胶 II-2，在安装前其并不是一个圈，而是呈根状，用一端穿过座环，并截取合适的长度，再用 502 胶将橡胶的两端连接起来，形成一道密封圈。

5.6.4　导水锥、导水圈和人孔盖安装

导水锥和导水圈是具有导流作用的结构，它们能够减轻水流经泵时产生的紊流，安装时需要人通过前锥管上的进人孔进入泵，照明对于整个过程较为关键。整个泵体结构安装好后，最后的工作就是安装人孔盖，由 8 个螺栓与泵壳连接。

5.6.5　注水密封试验

检查、清理流道，关闭进水流道放水闸阀。充水使流道中水位逐渐上升，直到流道水位与下游水位持平。充水时应派专人仔细检查各密封面和结合面，应无渗漏水现象。观察24h，确认无渗漏水现象后，方能提起下游进水闸门。充水过程中如发现漏水，应立即在漏水处做好记号，关闭流道充水阀，启动检修排水泵，待流道排空，对漏水处进行处理完毕后，再次进行充水试验，直到完全消除漏水现象。

5.6.6　泵体和密封部件安装流程

泵体和密封部件安装流程如图 5.65 所示。

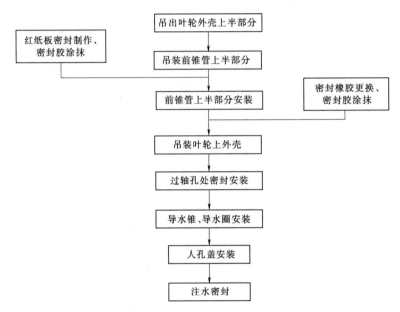

图 5.65　泵体和密封部件安装流程图

5.6.7　泵体和密封部件安装图示说明

泵壳安装顺序为先安装前锥管上半部分，然后安装叶轮外壳上半部分。因此需要先将为了测量叶片间隙而安装的叶轮室上外壳吊出泵井，安装后导水圈和水导轴承端盖。图5.66 为吊出叶轮外壳上半部分后的泵井。

以前锥管上半部分为模子，红纸板为材料，用刀具制作密封垫。图 5.67 为红纸板密封垫制作。

红纸板在保存时是弯曲的状态，在制作成密封垫后也会是弯曲的，这样不利于安装，用焊枪烧能使之软化，并能够去除表面毛刺。图 5.68 为用焊枪处理红纸板密封垫。

叶轮体和水导轴承表面长期处于水中，需要在其表面均匀涂抹防腐涂料，该涂料与泵轴表面涂抹涂料相同。需要注意的是，在短轴处不能涂抹该涂料。图 5.69 为在水导轴承表面涂抹防腐涂料。

图 5.66 吊出叶轮外壳上半部分后的泵井

图 5.67 红纸板密封垫制作

图 5.68 用焊枪处理红纸板密封垫

图 5.69 在水导轴承表面涂抹防腐涂料

拆除压环下半部分的螺栓，用撬棍拆下压环，取出内部旧的密封橡胶圈。图 5.70 为用撬棍拆下压环。

在前锥管上半部分与叶轮外壳上半部分之间安放有橡胶密封圈，在安装前需要取出旧的，安放新的密封橡胶。图 5.71 为安放新的密封橡胶。

当一切工作准备就绪，用行车将前锥管上半部分吊入泵井。图 5.72 为用行车将前锥管上半部分吊入泵井。

在上、下前锥管的接触面安放制作好的红纸板密封垫，应注意两块密封垫的位置不要放错，并在密封垫上、下表面涂抹中性防霉硅酮胶。图 5.73 为在红纸板密封垫上涂抹中性防霉硅酮胶。

前锥管上半部分需要有横向位移才能安装到位，因此在叶轮室的螺栓孔中插入螺栓，把该螺栓作为千斤顶的一个支撑点，两个千斤顶同时作用，使前锥管上半部分安装到位，在螺栓孔中插入螺栓进行定位。注意两个千斤顶的位移量要完全一致，否则会使前锥管上半部分斜向。图 5.74 为用千斤顶安装前锥管上半部分。图 5.75 为安装到位的前锥管上半部分。

图 5.70　用撬棍拆下压环

图 5.71　安放新的密封橡胶

图 5.72　用行车将前锥管上半部分吊入泵井

图 5.73　在红纸板密封垫上涂抹中性防霉硅酮胶

图 5.74　用千斤顶安装前锥管上半部分

图 5.75　安装到位的前锥管上半部分

叶轮外壳上半部分与导叶体之间也有密封用的橡胶圈，同样需要更换。图 5.76 为更换密封橡胶圈。

为了密封的需要，在泵壳间的密封橡胶处、红纸板密封垫表面都需要涂抹中性防霉硅酮胶。图 5.77 为密封橡胶处涂抹中性防霉硅酮胶。图 5.78 为红纸板密封垫表面涂抹中性防霉硅酮胶。

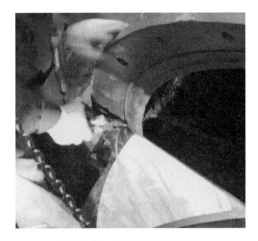

图 5.76　更换密封橡胶圈

图 5.77　密封橡胶处涂抹中性防霉硅酮胶

吊装叶轮外壳上半部分时要检查叶轮外壳与导叶体以及前锥管上半部分法兰面是否齐平，法兰面上螺纹孔的中心是否一致。当不一致时，将叶轮外壳上半部分吊出，排除原因后再重新安装。图 5.79 为用行车将叶轮外壳上半部分进行吊装。

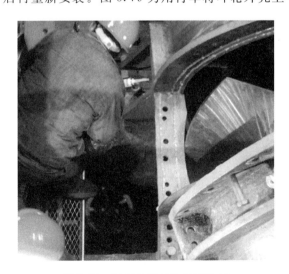

图 5.78　红纸板密封垫表面涂抹
中性防霉硅酮胶

图 5.79　用行车将叶轮外壳上半
部分进行吊装

用锤子安装定位销，销装入孔的深度应符合规定，并能顺利取出。销装入后，不应使销受剪切力，装上泵体上所有的螺栓和螺母，螺栓头、螺母与连接件接触紧密后，螺栓应露出螺母 2~4 个螺距，螺栓长度不符合要求的需要更换螺栓。图 5.80 为安装螺栓。

安装螺栓时应按照螺栓安装的顺序和原则进行，螺帽一端用合适的扳手人工固定，螺母端用电动扳手进行拧紧。

水导轴承在运行时会产生一定热量，需要对其温度进行监测。图 5.81 为水导轴承温度传感器数据电缆连接。

图 5.80　安装螺栓

图 5.81　水导轴承温度传感器数据电缆连接

完成前锥管上半部分的安装后，再换装密封橡胶。将密封橡胶依次穿过压环上的双头螺栓，待围成一圈时剪下剩余部分，切口为斜形，两端用 502 胶粘合在一起，形成一个密封圈，最后用压环压紧密封橡胶圈，拧紧双头螺栓上的螺母。图 5.82 为更换密封橡胶。

用类似于橡胶密封圈的制作方法制作填料盒密封处的填料，盘根应切成正好足够盘成一圈的长度，用铁锯修整填料两端，使两个切口成为斜形，用黄油粘接，一共需要制作3~4 道填料圈，具体圈数根据实际情况来确定。将填料圈安放到填料盒中，完成填料安装。图 5.83 为填料圈制作。图 5.84 为填料安放。

图 5.82　更换密封橡胶

图 5.83　填料圈制作

用压盖上的螺丝来调节填料松紧的程度，压盖由上、下两瓣组成，两瓣由螺栓连接，整体由 4 个双头螺栓与填料盒连接。压盖安装时应注意适当松紧，如压得过紧，虽能减少泄漏，但填料与轴套间的摩擦损失增加，会缩短其使用寿命，严重时造成发热、冒烟，甚至烧毁；压得过松，则会大量漏水，降低效率。填料盒压盖双头螺栓的安装方法有两个：①用专业的双头螺栓工具安装；②用两个螺母配合安装。图 5.85 为填料盒压盖安装。

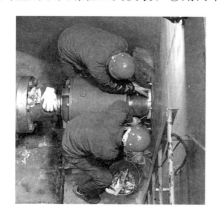

图 5.84 填料安放

图 5.85 填料盒压盖安装

人孔盖由 8 个直径为 17.5mm 的螺栓螺母配合安装在前锥管上，这 8 个螺栓位置形成一个圆形，因此紧固的顺序要按照圆形布置的原则进行。图 5.86 为安装完成的人孔盖。

泵体及密封部件安装完成后安装人孔盖，之后就可以进行注水密封测试了。图 5.87 为注水密封测试。

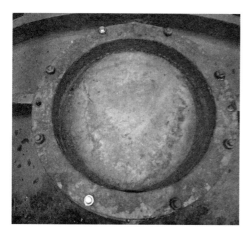

图 5.86 人孔盖安装

图 5.87 注水密封测试

5.7 摆度调整

5.7.1 摆度测量

若机组水导轴承、推力轴承绝对同心，安装调节机构时联轴器的法兰面与泵轴绝对垂直，当机组回转，机组轴线与理论中心重合。实际上，由于各连接部件存在制造与安装误差，机组轴线不会是一条理想直线。如果联轴器法兰面和泵的轴线不垂直，泵轴回转时联轴器的旋转将偏离旋转中心，产生摆度，轨迹为一圆锥面，如图 5.88 所示。

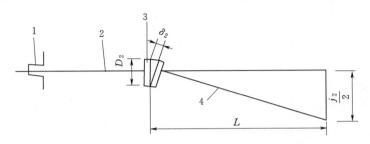

图 5.88 摆度测量示意图

1—推力轴承处；2—泵联轴器；3—调节机构法兰面；4—联轴器

过大摆度对机组运转的影响为：①轴线的倾斜使机组垂心发生改变，增大了离心惯性力，在运转中对推力轴承将产生周期性的不均匀负载，引起机组振动；②不利于后续过程中与齿轮箱的同轴度调整；③严重的可能引起固定部分和转动部分碰撞，使机组不能正常运行。

测量与调整传动轴、泵轴摆度的目的是使机组轴线各部位的最大摆度在规定的允许范围内，联轴器法兰面、泵轴摆度需用盘车法来测量，测量结果填入表 5.3。将水泵机组的推力轴承轴颈、联轴器法兰面两个部件的外圆八等分，定为 8 个测点。在这两个部件同一个位置上各固定一只百分表，使表的测杆接触被测部件的外圆周表面。用人工盘车缓慢转动机组，依次将各测点的百分表读数记录下来，将同一部位上互成 180°的各点读数相减，得到的最大值就是该处的最大摆度值。将同一方位上的最大摆度相减，求得联轴器法兰面的净摆度值。

表 5.3　　　　　　　　　　机组轴线摆度大修后的测量记录

测量部位		测量序号											
		1	2	3	4	5	6	7	8	9	10	11	12
百分表读数	水泵轴轴颈												
	齿轮箱联轴器												
相对点读数差		1—7		2—8		3—9		4—10		5—11		6—12	
全摆度	水泵轴轴颈												
	齿轮箱联轴器												
	净摆度												

注　1. 测量单位为 0.01mm。

　　2. 质量标准为：推力轴承轴颈 0.06mm，水导轴承轴颈 0.25mm。

5.7.2　摆度调整原理

测量计算出的摆度值不符合要求，应进行调整。调整的方法是在联轴器法兰面增加薄垫片，垫片的方位与最大净摆度的方位一致，垫片的厚度可按式（5.2）和式（5.3）计算（图 5.89 为计算示意图）。

根据三角形相似定理得

$$\frac{a}{c} = \frac{j}{2b} \qquad (5.2)$$

$$a = \frac{cj}{2b} \qquad (5.3)$$

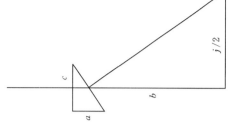

图 5.89　计算示意图

式中　a——应加垫片的厚度；

　　　b——加垫片端面到联轴器法兰面的距离；

　　　j——联轴器法兰面的净摆度；

　　　c——加垫片端面的直径。

5.7.3　齿轮箱安装和摆度调整图示说明

用行车作为支撑并缓慢移动联轴器，使联轴器与调节机构靠近，在安装时，螺栓孔与螺栓要相互对应。图 5.90 为联轴器安装。

安装调节机构螺栓的 6 个螺母，螺母处于圆形布置，因此要对角顺时针方向依次、分阶段紧固，第一阶段紧固 50% 左右力矩，第二阶段完全紧固。图 5.91 为调节机构螺母紧固。

图 5.90　联轴器安装

图 5.91　调节机构螺母紧固

图 5.92 为地脚螺栓与垫铁的配合，地脚螺栓的立杆部分应无油污和氧化皮，螺纹部分应涂上少量油脂，螺栓周围的垫铁具有支撑、减震、调整的作用，垫铁表面平整，无氧化皮、飞边，上、下垫块斜面具有相同的斜度。

将地脚螺栓处理完成后，用行车配合卸扣吊装齿轮箱。齿轮箱安装时，地脚螺栓应该正好穿过螺纹孔。图 5.93 为吊装齿轮箱。

把推力轴承和齿轮箱法兰作为支点安装磁性表座，配合百分表测量泵轴轴颈和联轴器的摆度，人工盘车，转动泵轴，记录摆度。图 5.94 为摆度测量。

图 5.92　地脚螺栓与垫铁的配合

图 5.93　吊装齿轮箱

图 5.94　摆度测量

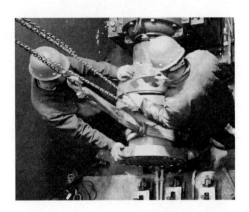

图 5.95　铜质垫片添加

当测量的摆度值不符合标准要求时，按照式（5.3）的关系计算需要添加的垫片的厚度，每次测量时螺母必须要完全紧固。图 5.95 为摆度调整时铜质垫片添加。

5.8　电动机安装和同轴度调整

5.8.1　电动机安装

电动机安装应满足以下要求：

（1）卧式电动机的安装应以水泵为基准找正，初步调整轴承孔中心位置，其同轴度偏差应不大于 0.1mm/m；轴承座的水平偏差轴向应不超过 0.2mm/m，径向应不超过 0.1mm/m。

（2）主电动机轴联轴器应按水泵联轴器找正，其同轴度应不大于 0.04mm，倾斜度应不大于 0.02mm/m。

（3）主轴连接后，应盘车检查各部分摆度，其允许偏差应符合下列要求：

1）各轴颈处的摆度应小于 0.03mm。

2）推力矩盘的端面跳动量应小于 0.02mm。

3）联轴器侧面的摆度应小于 0.10mm。

4）滑环处的摆度应小于 0.20mm。

（4）安装电动机时，应采用专用吊具，不应将钢丝绳直接绑扎在轴颈上吊转子，不许有杂物掉入定子内，并应清扫干净。

机组检修安装后，设备、部件表面应清理干净，并按规定的涂色进行油漆防护，涂漆应均匀，无起泡、无皱纹现象。设备涂色若与厂房装饰不协调，除管道涂色外，可作适当变动。阀门手轮、手柄应涂红色，并标明开关方向。铜及不锈钢阀门不涂色。阀门应编号。管道上应用白色箭头（气管用红色）表明介质流动方向。设备涂色应符合表 5.4 的规定。

表 5.4　　　　　　　　　设 备 涂 色 规 定

设 备 名 称	颜色	设 备 名 称	颜色
泵壳内表面、叶毂、导叶等过水面	红	技术供水进水管	天蓝
水泵外表面	蓝灰或果绿	技术供水排水管	绿
电动机轴和水泵轴	红	生活用水管	蓝
水泵、电动机脚踏板、回油箱	黑	污水管及一般下水道	黑
电动机定子外表面、上机架、下机架外表面	米黄或浅灰	低压压缩空气管	白
栏杆（不包括镀铬栏杆）	银白或米黄	高、中压压缩空气管	白底红色环
附属设备：压油罐、储气罐	蓝灰或浅灰	抽气及负压管	白底绿色环
压力油管、进油管、净油管	红	消防水管及消火栓	橙黄
回油管、排油管、溢油管、污油管	黄	阀门及管道附件（不包括铜、不锈钢阀门及附件）	黑

5.8.2　同轴度测量

同轴度测量的常用方法如下：

（1）回转轴线法。回转轴线法采用高回转精度的检测仪器（如圆度仪、圆柱度仪等），适用于对中、小规格的轴或孔类零件进行同轴度测量。测量步骤如下：调整被测零件，使其轴线与仪器主轴的回转线同轴；在被测零件的实际基准要素和实际被测要素上测量，记录数据或记录轮廓图形；根据测量数据或记录的轮廓图形，按同轴度误差判别准则及数据处理方法确定被测要素的同轴度误差。

（2）准直线法（瞄靶法）。准直线法采用准直望远镜或激光准直仪等检测仪器，适用于对大、中规格孔类零件进行同轴度误差测量。测量步骤如下：根据被测孔的直径，应用不同的支撑器具，使靶的中心与被测孔的中心重合；以仪器准直光轴为测量参考调整测量仪器的位置，使被测件两靶心连线与光轴同轴；在基准孔中进行第一步，并通过光学准直系统测量实际基准轴线上各点的 X、Y 坐标值；在被测孔中进行第一步，并通过光学准直系统测量实际基准轴线上各点的 X、Y 坐标值；根据测得的实际基准轴线及实际被测轴线上的 X、Y 坐标值，通过数据处理确定被测要素的同轴度误差。

（3）坐标法。坐标法采用具有确定坐标系的检测仪器，适用于对各种规格的零件进行同轴度误差测量。测量步骤为：将被测零件放置在工作台上；对被测零件的基准要素和被测要素进行测量；根据测得数据计算出基准轴线的位置及被测要素各正截面轮廓中心点的坐标，再通过数据处理确定被测件的同轴度误差。

（4）顶尖法。顶尖法适用于轴类零件及盘套类零件的同轴度误差测量。测量步骤为：将被测零件装卡在测量仪器的两顶尖上；按选定的基准轴线体现方法确定基准轴线的位置；测量实际被测要素各正截面轮廓的半径差值，计算轮廓中心点的坐标；根据基准轴线的位置及实际被测轴线上各点的测量值，确定被测要素的同轴度误差。

（5）V形架法。V形架法适用于对各种规格的零件进行同轴度误差测量。测量步骤为：将被测零件放在V形架上；按选定的基准轴线体现方法确定基准轴线的位置；测量实际被测要素各正截面轮廓的半径差值，计算轮廓中心点的坐标；根据基准轴线的位置及实际被测轴线上各点的测量值，确定被测要素的同轴度误差。

由以上测量方法可以看出，目前的同轴度测量方法对测量仪器的要求较高，测量条件比较严格，而且每种方法都有其特定的适用对象，且较多地引入了人为因素，增大了同轴度误差评定的不确定度。

秦淮新河泵站泵轴与齿轮箱和电动机与齿轮箱都是采用联轴器传动，在安装时，必须保证两个联轴器端面平行和同心，否则当电动机带动水泵旋转时，轴承会发热或引起机组振动。由于两者都是联轴器连接，所以测量和调整的原理十分相似，下面以测量和调整齿轮箱的同轴度为例。

为了调整泵轴和齿轮箱轴位置以达到同轴线的要求，首先要确定两轴在空间的相对位置，两轴的相对位置有3种：①径向位移；②倾斜；③同时具有径向位移和倾斜，如图5.96所示。测量两轴相对位置的量具主要有塞尺和百分表。

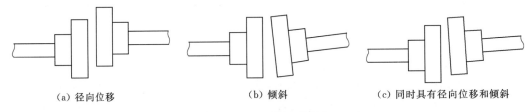

（a）径向位移　　　　　　　（b）倾斜　　　　　　（c）同时具有径向位移和倾斜

图5.96　三种相对位置

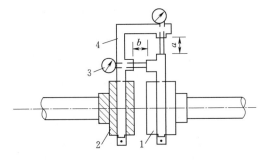

图5.97　用百分表测量间隙
1—齿轮箱联轴器；2—泵联轴器；
3—百分表；4—支架

可以用两个百分表配合表架进行测量，百分表的布置如图5.97所示。在联轴器上固定两只百分表，慢慢转动联轴器，测出在上、下、南、北四个位置时的径向间隙 a_1、a_2、a_3、a_4 和轴向间隙 b_1、b_2、b_3、b_4，计算径向偏差和轴向偏差，并将齿轮箱联轴器旋转180°后重新测量，将数据记录在表5.5和表5.6中。当偏差不满足要求时，可移动齿轮箱的位置，调整齿轮箱地脚下的垫片，以调节间隙值，保证水泵轴与齿轮箱轴中心线在同一直线上。

表 5.5 　　　　　　　　　　　　水泵与齿轮箱同轴度测量记录　　　　　　　　年　　月　　日

名称	方　　　位					
	上	下	差	南	北	差
径向						
端面						
旋转 180°						
径向						
端面						

注　1. 测量单位为 mm。
　　2. 质量标准为：径向 0.24mm，端面 0.15mm。

表 5.6 　　　　　　　　　　　　电机与齿轮箱同轴度测量记录　　　　　　　　年　　月　　日

名称	方　　　位					
	上	下	差	南	北	差
径向						
端面						
旋转 180°						
径向						
端面						

注　1. 测量单位为 mm。
　　2. 质量标准为：径向 0.12mm，端面 0.08mm。

5.8.3 同轴度调整

若测量计算出的同轴度不符合要求，应进行调整，如图 5.98 所示。

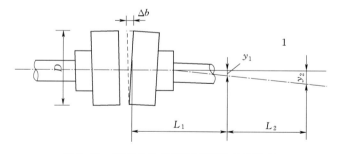

图 5.98 调节齿轮箱倾斜下调整地脚垫铁

根据相似三角形原理，有

$$\frac{y_2}{L_1+L_2}=\frac{y_1}{L_1} \tag{5.4}$$

所以

$$\frac{\Delta b}{D} = \frac{y_2}{L_1 + L_2} \tag{5.5}$$

$$y_1 = \frac{L_1 \Delta b}{D} \tag{5.6}$$

$$y_2 = \frac{\Delta b (L_1 + L_2)}{D} \tag{5.7}$$

式中　y_1——齿轮箱前地脚螺栓处应加垫片的厚度；

　　　y_2——齿轮箱后地脚螺栓处应加垫片的厚度；

　　　L_1——齿轮箱前地脚螺栓至联轴器端面的距离；

　　　L_2——齿轮箱前、后地脚螺栓之间的距离；

　　　D——联轴器的外径；

　　　Δb——0°与180°处轴向间隙之差，即 $\Delta b = b_1 - b_3$。

当 $\Delta b < 0$ 时，表示齿轮箱底座下应减少的垫片厚度。当 $b_2 - b_4$ 或 $b_4 - b_2$ 超过允许值时，可用千斤顶或撬杠将齿轮箱的右端向左或向右稍微摆动一下，并用百分表控制摆动的距离。

轴向倾斜调整好后，将两联轴器同时转动，并测量 4 个位置处的径向间隙值。如果 $a_1 - a_3$ 或 $a_2 - a_4$ 超过允许值，应在齿轮箱所有底座加减同样厚度垫片，用千斤顶或用撬杠在水平方向稍微移动一下齿轮箱，并用百分表控制移动的距离，过程中应控制齿轮箱平行移动。应当指出：间隙的测量和调整结束后，应再一次盘车测量，校核间隙是否在允许的范围内，如不在允许范围内，应再次进行调整，直至符合要求为止。

5.8.4　同轴度调整流程

同轴度调整流程如图 5.99 所示。

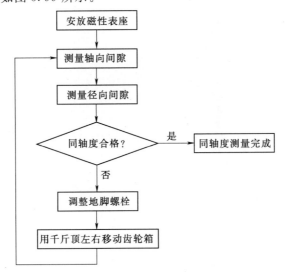

图 5.99　同轴度调整流程图（齿轮箱）

120

5.8.5　同轴度调整和电机安装图示说明

将磁性表座固定在泵轴联轴器上，把百分表的触头接触联轴器的法兰面和外圆周面，在原始位置处把百分表的读数置零，人工盘车，分别测量上、下、南、北 4 个位置的轴向间隙和径向间隙。图 5.100 为用百分表测量轴向间隙，图 5.101 为用百分表测量径向间隙。

图 5.100　用百分表测量轴向间隙

图 5.101　用百分表测量径向间隙

在轴向间隙测量上，除了可以用百分表配合表座测量间隙，也能用塞尺测量轴向间隙。图 5.102 为用塞尺测量联轴器的轴向间隙。

当测量的同轴度不符合相对应的标准要求时，轴向方向上，参照式（5.6）和式（5.7）计算调整量，通过调整地脚螺栓的垫铁完成对同轴度的调整，在调整的同时，需要架设磁性表座来测量移动的距离。图 5.103 为架设表座调整地脚螺栓的垫铁。

图 5.102　用塞尺测量联轴器的轴向间隙

图 5.103　架设表座调整地脚螺栓的垫铁

径向方向上，在齿轮箱一侧的两个地脚螺栓处架设两个磁性表座，用以监测齿轮箱的横向移动，另一侧用千斤顶横向移动齿轮箱。图 5.104 为齿轮箱一侧架设的磁性表座，图 5.105 为齿轮箱另一侧用千斤顶移动齿轮箱。

图 5.104 齿轮箱一侧架设的磁性表座

图 5.105 齿轮箱另一侧用千斤顶移动齿轮箱

本次机组大修电机进行返厂维修，在电机安装前需要经过从运输车到电机井的吊运过程，吊运过程中应注意：①捆绑合理；②起吊平稳；③起吊 10min 后停留 5～10min，以观察吊重工具的变形情况；④起吊信号统一，联络清晰、可靠；⑤落地处用垫木缓冲；⑥落地后确保平稳；⑦酒后严禁作业；⑧无证不能上岗；⑨运输应采取措施如加垫板，加保护层、保护套，保证电机涂层及构件不受损伤；⑩做到各吊点位置受力均匀。图 5.106 为电机从车上用吊车卸载，图 5.107 为利用行车将电机吊入厂房。

图 5.106 电机从车上用吊车卸载

图 5.107 利用行车将电机吊入厂房

将电机用行车吊装，由 4 个人维持电机的稳定和位置的正确，1 个人控制行车，行车控制要缓慢，每移动一次后，待电机稳定后再进行下一次的动作。图 5.108 为电机安装。

类似于齿轮箱，电机安装也需要进行同轴度的测量，测点为上、下、南、北 4 个测点，将测得数据填入表 5.6 进行计算，并与标准值对比。图 5.109 为电机与齿轮箱同轴度测量。

电机安装调整完成后，连接电机的电源线、传感器线。图 5.110 为连接电源线。

图 5.108 电机安装

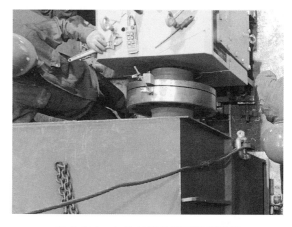

图 5.109 电机与齿轮箱同轴度测量

当电机与齿轮箱之间的同轴度调整满足要求时，推力轴承、齿轮箱、电机底座的垫铁就处于合适的位置，这时需要将斜垫铁的调节螺栓用一根钢筋焊接固定，保证垫铁不会再移动。

焊接的注意事项为：①焊工应经过考试并取得合格证后方可从事焊接工作，合格证应注明施焊条件、有效期限，焊工停焊时间超过 6 个月，应重新考核；②焊接时，不得使用药皮脱落或焊芯生锈的焊条和受潮结块的焊剂及已熔烧过的渣壳；③焊丝、焊钉在使用前应清除油污、铁锈；④防止飞溅金属造成灼伤和火灾；⑤防止电弧光辐射对人体的危害；⑥注意避免发生触电事故；⑦电焊机的外壳和工作台必须有良好的接地；⑧电焊设备应使用带电保险的电源刀闸，并应装在密闭箱内；⑨焊机使用前必须仔细检查其一次、二次导线绝缘是否完整，接线是否绝缘良好；⑩焊工必须配备合适滤光板的面罩、干燥的帆布工作服、手套、橡胶绝缘和清渣防护白光眼镜等安全用具；⑪在室内或露天现场施焊时，必须在周围设挡光屏，以防弧光伤害工作人员的眼睛；⑫施焊完毕后应及时拉开电源刀闸。图 5.111 为电焊机，图 5.112 为焊工正在焊接作业。

图 5.110 连接电源线

图 5.111 电焊机

123

图 5.112　焊工正在焊接作业

第6章 试 运 行

6.1 机组大修后试运行应完成的工作

（1）机组主体安装调试完毕。

（2）电机接线紧固、核对相序正确，电机试验合格。

（3）注水试验合格，水泵井、电机井清理完毕，保留水泵井、电机井安全护栏。

（4）消防器材到位。

（5）试运行前要成立试运行小组，拟定试运行程序及注意事项，组织运行操作人员和值班人员学习操作规程、安全知识，然后由试运行人员进行全面认真的检查。

（6）试运行现场必须进行彻底清扫，使运行现场有条不紊。

6.2 试运行的步骤

（1）电机空载运行 2h，无异常。

（2）带齿轮箱运行 2h，无异常。

（3）将叶片角度调至 $-6°$，根据机组（特别是推力轴承温度）运行情况逐渐增至与当前水位差相匹配的角度。

（4）机组运行前两小时内每 5min 记录一次机组温度等数据，以后逐渐延长。

（5）以上每一步出现问题必须立即停机检查处理并重新试运行。

6.3 开停机操作步骤

6.3.1 开机

1. 开机前的准备工作

（1）主变、主机、10kV 母线绝缘测试。

（2）检查所用变（或站用变）运行正常（检查电压、温度）。

（3）合油泵柜、供水柜、排水柜、风机柜进线电源开关，检测开关确已合上。

（4）打开循环水箱进水管闸阀，将水箱注满水。

（5）打开供水母管闸阀（手动），检查母管压力（≥0.2MPa）。

（6）选定泵站运行工况（灌溉/排涝）。

（7）开启油系统油泵，检查启门压力。

（8）检查水导轴承油质油位是否正常。

（9）送开关柜控制、合闸直流电源，检查各回路电压是否正常。

（10）检查高压开关试验位置试分、合闸是否正常。

（11）检查水泵过轴孔填料涵处填料，应松紧适中。

（12）检查水泵叶片调节机构是否正常，将水泵叶片角度调到指定角度。

（13）检查上、下游警戒区内有无船只、漂浮物及其他阻水障碍物。

（14）记录机组原始参数。

2. 35kV 主变合闸

（1）检查断路器手车，应确在试验位置。

（2）检查隔离手车，应确在工作位置。

（3）检查主变温度。

（4）检查三相电压，应正常。

（5）检查主变保护，应确已投入。

（6）检查断路器送电间隔内，应确无接地。

（7）检查接地刀闸，应确在断开位置。

（8）检查断路器手车，应确在试验位置。

（9）检查主变防护外壳前后门，应确已关闭上锁。

（10）将断路器手车推至工作位置，检查手车，应确已到位。

（11）合断路器，检查断路器，应确已合上。

（12）检查主变运行，应正常。

3. 10kV 母线总柜合闸

（1）检查主变侧母线保护，应确已投入。

（2）检查断路器送电间隔内，应确无接地。

（3）检查主机进线断路器手车，应确在试验位置。

（4）检查电容器进线断路器手车，应确在试验位置。

（5）将手车推至工作位置，检查手车，应确已到位。

（6）将避雷器手车推至工作位置，检查手车，应确已到位。

（7）根据运行性质将灌溉（排涝）转向手车推至工作位置，检查手车，应确已到位。

（8）将断路器手车推至工作位置，检查手车，应确已到位。

（9）合断路器，检查断路器，应确已合上。

（10）检查 10kV 三相电压，应正常。

4. 10kV 电容柜合闸

（1）检查 10kV 电容进线柜保护，应确已投入。

（2）检查电容器进线断路器送电间隔内，应确无接地。

（3）检查电容柜，应确已切除，将转换开关至远方。

（4）将自动补偿仪开关打开。

（5）将断路器手车推至工作位置，检查手车，应确已到位。

（6）合断路器，检查断路器，应确已合上。

（7）检查 10kV 三相电压正常。

5. 主机合闸

（1）检查主电机、齿轮箱、推力轴承温度、水导轴承的油温、瓦温。

（2）开启进水侧工作门，检查工作门，应确已到位。

（3）打开冷却循环水闸阀、循环水泵（或自来水闸阀）。

（4）打开冷却水电磁闸阀，检查示流计信号，应正常。

（5）打开水导轴承润滑水闸阀，应确已打开。

（6）水泵大轴盘车。

（7）开启风机。

（8）检查主机保护，应确已投入。

（9）检查主机柜内，应确无接地。

（10）检查接地刀闸，应确在断开位置。

（11）检查主机断路器手车，应确在试验位置。

（12）将断路器手车推至工作位置，检查手车，应确已到位。

（13）合断路器，检查断路器，应确已合上。

（14）检查出水门，应确已到位。

（15）检查主机，应运行正常。

6.3.2 停机

1. 10kV 电容器进线开关停止运行

（1）手动切除电容器组。

（2）分断路器，检查断路器，应确已分闸。

（3）将断路器手车推至试验位置，检查手车，应确已到位。

2. 主机分闸（停机）

（1）检查机组出水门，应确在全开位置。

（2）分断路器，检查断路器，应确已分闸。

（3）将断路器手车推至试验位置，检查手车，应确已到位。

（4）检查出水门，应确已关闭到位。

（5）检查主机，应确已停运。

3. 主变 10kV 侧母线停止运行

（1）检查断路器手车，应确在试验位置。

（2）分断路器，检查断路器，应确已分闸。

（3）将断路器手车推至试验位置，检查手车，应确已到位。

（4）将换向手车推至试验位置，检查手车，应确已到位。

（5）将手车退至试验位置，检查手车，应确已到位。

4. 主变停止运行

（1）检查主变 101 断路器手车，应确在试验位置。

（2）分 351 断路器，检查断路器，应确已分闸。

（3）将 351 断路器手车推至试验位置，检查手车，应确已到位。

（4）停直流控制、合闸电源。

5. 辅机停止运行

（1）关闭冷却风机。

（2）关闭冷却循环水闸阀、循环水泵。

（3）关闭冷却水电磁闸阀，检查示流计信号正常。

（4）关闭水导轴承润滑水闸阀，检查，应确已关闭。

（5）关闭供水母管闸阀（手动）。

（6）关闭油泵柜，供水柜、排水柜、风机柜进线电源开关。

6.4 紧急停机

（1）主机启动后联动工作门（出水侧）不同步，手动仍无法启门。

（2）主机及电气设备发生火灾及严重人身、设备事故。

（3）主机电流异常。

（4）机组声响异常（电机、齿轮箱、推力轴承异响）。

（5）主水泵发生强烈振动。

（6）齿轮箱喷油。

（7）主机绕组温升超过100℃；主机、齿轮箱、推力轴承箱轴承温度超过95℃；油润滑金属轴承瓦温超过70℃，油温超过65℃；水润滑弹性金属塑料瓦温度超过65℃。

（8）油润滑导轴承油箱油位迅速降低或升高。

（9）过轴孔或泵壳等部位严重漏水。

（10）油压系统有故障，短时间内无法修复，危及全站安全运行。

（11）主电机风冷系统故障，短时间内无法修复，危及机组安全运行。

（12）控制保护装置失电或故障。

（13）水泵井、电机井、集水井渗漏，水位异常。

（14）上、下游发生人身落水事故。

以上按操作1台机组进行。

6.5 试运行记录表

试运行记录表格式如表6.1和表6.2所示。

表6.1 开 停 机 记 录

序号	操作方式	日期时间	运行工况	叶片角度	上游水位	下游水位	发令人	操作人	监护人

发令人_____

操作员_____

监护人_____

表 6.2 运 行 记 录

记录时间											
主机	电流/A										
	有功/mW										
冷却润滑水压力/MPa	导轴承润滑水压力										
	齿轮箱冷却水压力										
温度/℃	导轴承瓦温										
	填料盒温度										
	推力轴承	推力轴承体									
		上游侧									
		下游侧									
	径向轴承										
	齿轮箱下游侧	上轴承									
		下轴承									
	电机轴承	上游侧									
		下游侧									

记录_____

验收_____

参 考 文 献

［1］ 单文培，王兵，单欣安. 泵站机电设备的安装运行与检修［M］. 北京：中国水利水电出版社，2008.

［2］ 中国葛洲坝集团公司. 三峡700MW水轮发电机组安装技术［M］. 北京：中国电力出版社，2006.

［3］ GB/T 30948—2014 泵站技术管理规程［S］.

［4］ SL 316—2004 泵站安全鉴定规程［S］.

［5］ SL 254—2000 泵站技术改造规程［S］.

［6］ 李翊. 大型卧式轴流泵轴系安装工艺［J］. 机械制造，2017，55（12）：77-79.

［7］ 吴开明. 轴流泵机械式叶片全调节机构特性分析及其应用研究［D］. 扬州：扬州大学，2017.

［8］ 洪伟. 大型水利泵站机电设备安装和检修的技术措施［J］. 低碳世界，2017（19）：55-56.

［9］ 李耀辉，朱双良. 干河泵站立轴离心泵主轴密封技术改造［J］. 云南水力发电，2017，33（3）：136-139.

［10］ 刘晓光. 水利泵站机电设备的安装及检修方法分析［J］. 江西建材，2016（16）：139.

［11］ 王军. HZ820大型卧式轴流泵现场检修拆装新工艺［J］. 设备管理与维修，2014（S1）：139-140.

［12］ 刘长志. 轴流泵在运行中的故障分析［J］. 黑龙江水利科技，2013，41（3）：115-116.

［13］ 姜志成，王磊. 大型卧式轴流泵水导轴承的运用［J］. 江苏水利，2011（8）：29-30.

［14］ 杨树雄. 大型卧式轴流泵水导轴承的研究［J］. 排灌机械，2003（1）：15-17.

［15］ 刘勇. 水泵水轮机主轴密封的运行和检修［J］. 水力发电，1994（8）：51.